浪花朵朵

开始编程！

学习HTML、CSS和JavaScript
创建网站、应用程序和游戏

英国青少年开发者社区 编 [英] 邓肯·比迪 图
周新丰 译 浪花朵朵 编译

北京联合出版公司
Beijing United Publishing Co.,Ltd.

序

毫无疑问，过去几十年里信息技术发生了爆炸式的增长。20年前“互联网”在中国刚刚兴起，一部分有识之士就已经意识到了这项未来科技的巨大潜力：1998年11月马化腾在深圳创立了腾讯科技，尔后一年马云在杭州正式成立了阿里巴巴集团，2000年李彦宏在北京中关村创建了百度公司……经过短短20年的发展，如今这些科技公司已经成为了国际互联网巨头。同时信息技术革新带来的变革已经深深影响了我们生活的方方面面，从日常出行、餐饮购物、法律咨询到医疗、教育，都离不开互联网的支持，俨然互联网已经成为和水、电一样的生活必需品。现如今，随着新一轮“人工智能”革命的爆发，这个世界正在发生着更加巨大的变化，也许未来回过头来看，当下的这场革命比以往任何一次技术革命对人类社会的影响都更深远。

但在20年前、10年前（甚至目前），许多家长还对计算机深恶痛绝，将计算机与“网瘾”简单地划上等号，把孩子与计算机粗暴地隔离开。然而多年以后，孩子们不得不面对社会现实——那些丝毫不懂计算机技能的人，在社会上举步维艰，而“编程技术”也正在成为谋生的基本技能。这里需要注意的是，“基本技能”与“兴趣”是两个完全不同的概念，也许孩子可以不懂钢琴也不会画画，但是绝对不可以不学编程。在下一个20年，不懂编程或许就会成为某种意义上的“文盲”。

很多家长对编程并不熟悉，对少儿编程的概念更是模糊。然而幸运的是，如今少儿编程已经引起了国际社会的持续关注：传统的教育强国英国已经将编程纳入了小学必修课程；美国前总统奥巴马也呼吁“每天编程一小时”，希望美国孩子尽早开始编程；中国教育部在2015年开始鼓励小学发展编程教育，而浙江等省份已将信息技术纳入高考选考科目。编程的重要性已无需赘言，但在现实情况下，很多家长可能对少儿编程依然有一些困惑。鄙人从十余年计算机从业经验出发，试答家长最关注的两个问题，若能稍解疑惑，我不胜荣幸。

一、孩子到底能从编程教育中学到什么？

多数家长会有这样的矛盾：一方面担心孩子过多接触计算机后会沉迷电脑游戏不能自拔，另一方面又担心别人家的孩子从小学习编程，自家孩子会输在“起跑线”上。还有一些家长认为孩子将来未必会从事计算机相关的工作，所以不用学习编程；即使将来需要用到编程技能，到时候再学习也来得及，于是将编程教育的计划无限期地搁置下来。

这些问题的根源在于一种思维误区：将编程看作一种具体的技能，认为学习编程就是学习某种实用的技术。实际上，学编程绝不意味着将来要从事软件开发工作，它更重要的作用是促进孩子的智力发展以及培养孩子的逻辑思维能力。通常情况下，计算机编程需要经过两个重要的步骤。第一步是形式化定义，形式化定义就是对真实世界（真实问题）进行分析，将其中的关键部分进行抽象，最后表达为数学问题。这个步骤能锻炼孩子的抽象能力，这正是中国孩子较为缺乏的一种能力。第二步是逐步解析，将形式化定义的问题通过算法逐步分解为计算机可以执行的步骤。由于计算机算法必须具备严格的逻辑关系，因此这一步能够锻炼孩子的逻辑思维能力，促使孩子对事物因果关系进行更深层次的思考，而这种思维方式正是现代科学中最基本的思维方式。

二、孩子应该如何学习编程？

目前市面上已有数量众多的编程教材，使用不同的编程语言，很多家长都不知道该如何选择。从对上一个问题的解答中可以看出，少儿编程教育更应该关注于“道”，即编程思维的培养，编程思维的养成必将使孩子终身受益，反而具体的编程语言并不重要，任选一种都可以。

但是，由于编程对理解能力和思维能力有一定要求，因此不同年龄段的孩子又应该采用不同的学习方式。7～9岁以下的孩子可以从图形化认知方式开始，逐步建立对编程的兴趣，所以更适宜学习Scratch这类简单的图形化编程工具。7～9岁以上的孩子可以直接开始学习真正的编程（比如学习HTML、JavaScript、Python、C++等），尝试使用灵活多样的方法来解决一些复杂的问题，逐渐在编程过程中融入自己的思想，将编程与实际生活联系起来，这样的话，在训练编程思维的同时也可以享受到编程的乐趣。

《开始编程！》这本书正适合7～9岁以上的孩子（以及对编程感兴趣的成年人），它教授的是当前热门的互联网开发。读者可以在本书的帮助下，从零开始，一步一步设计出网页和游戏。书中案例丰富，解析详细，尤具特色的是，作者将复杂的编程问题分解成很多小步骤，每一个小步骤都能比较轻松地完成，对读者来说这种方式更容易获得反馈和鼓励，从而激励他们保持兴趣完成整个项目。另外，整本书由故事驱动，故事情节扣人心弦，人物既风趣又礼貌，不失为精彩的点缀。

愿本书能带领孩子迈入编程大门，从此进入一个充满创意的新世界。

王明轩
中国科学院　人工智能博士
腾讯科技　高级研究员

目录

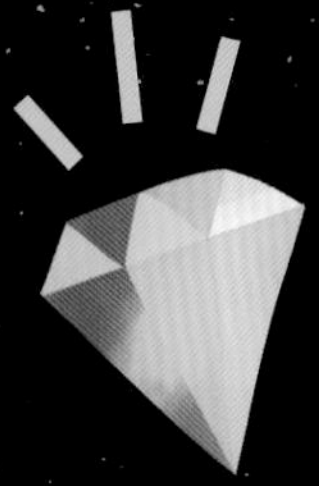

<!DOCTYPE html>
<html>
<head>
<title>The Monk
Diamond</title>
</head>
<body>
A stolen diamond
has been found!
<script>
var diamond = 300;
alert(diamond);
</script>
</body>
</html>

关于本书

你好！我们是Young Rewired State（英国青少年开发者社区），一家聚集了18岁以下少年儿童开发者的全球性社区。我们编写这本书，是希望你也能成为未来的技术明星。我们衷心希望《开始编程！》不仅能教会你编写程序，还能让你知道编程是多么有趣并且令人兴奋。要知道，在目前的环境下，编程是年轻人能够学习和掌握的最重要技能之一，而且现在也是学习它的最佳时机。

这本书能教给你什么？

本书教你使用HTML、CSS和JavaScript这3种流行的编程语言（programming language）进行编程。要知道，计算机能够按照人们的要求完成几乎任何事情，前提就是要为它编写出能够遵照执行的程序，而程序必须用计算机能够理解的语言来编写。编程就是学习用不同的语言来编写程序。

目前世界上有多种重要的编程语言，HTML、CSS和JavaScript是其中3种，它们可以用来开发网站和基于网页的应用，以及你每天玩的游戏。本书将教你使用这3种语言编写代码、开发程序，从中你可以学到开发各种程序所需的具体编程技能。

Young Rewired State_

了解更多关于Young Rewired State的信息，请访问：

www.getcodingkids.com

扫描右侧二维码获取更多帮助和支持。你也可以访问
www.hinabook.com/download/GETCODING.html
或dwz.cn/T7AmHbBp直接下载配套资源包。

如何使用本书？

本书共有6章，每章包含一项任务，这些任务会教你运用新的HTML、CSS和JavaScript编码技能。你要做的就是通过学习每一章来完成这些任务。你将加入贝尔斯通教授、戴博士和小狗欧内斯特组成的团队，帮助他们保护一颗价值连城的钻石。

你需要准备什么？

准备好一台连上互联网的电脑（台式机或笔记本电脑都行）就可以啦！

希望你能喜欢这本书，它将激励你踏上编程之旅！

联系我们：**@浪花朵朵童书会 #开始编程!#**

你也可以通过微信公众号和豆瓣小站联系我们。

前言

1.关于编程

电脑已经成为现代生活的重要组成部分，我们用它来完成许多工作。你可能用过笔记本电脑、台式电脑或者平板电脑，但是你知道吗，智能手机其实也是一台电脑？而且，取款机、洗衣机、游戏机和汽车里也有电脑。这些电脑看起来不一样，工作方式也有所不同，但它们都有一个共同点：必须遵循一系列指令——也就是程序——来完成各种任务。

完美的程序

电脑是能够处理信息的电子设备。它们有的有房间那么大，有的能装进微型设备里，但它们都可以完成各种复杂的任务。电脑是由硬件（也就是你摸得着的实体部件）和软件（这部分是摸不着的）组成的。电脑需要软件，是因为它们自己不能思考和行动，必须执行某个软件所设定的一系列详细指令，也就是程序。程序是用编程语言编写的、电脑可以理解的代码，因此写程序也叫编码（coding）或编程（programming），你可以通过编程来做各种事情。你或许使用过这些软件：

- 微信
- QQ
- 百度
- 微博
- Microsoft Word
- 爱奇艺

你每天都会使用程序，比如查看朋友发在微信朋友圈中的照片、发送消息、使用微波炉或播放DVD，这些行为都是在使用程序。事实上，你可以写出程序让电脑来做几乎所有事情。专门写程序的人就叫程序员（programmer）或软件开发人员（software developer），程序员会根据要开发的程序类型，来决定使用哪种编程语言。

编程语言

世界上有很多种编程语言供你使用。电脑可以同时读懂多种编程语言，所以程序经常是由几种不同的编程语言写成的。程序员要选择最合适的编程语言，因为不同的编程语言适用于不同类型的程序，每种编程语言都有各自的长处和短板。比较常用的编程语言有下面这些。

- C和C++：适合开发电脑的操作系统。
- C#、Java、PHP 和 Ruby：适合开发网站。
- C#、Java和 Objective-C：适合开发在电脑和智能手机上运行的应用程序。
- SQL：适合从数据库里读取信息。

你可能已经在学校里学过用一些编程语言进行简单的编程，比如使用Scratch或Python语言。Scratch是由彩色代码块组成的，你可以根据需要把一些代码块拖放到一起，就能轻松编写小游戏和动画。Python是一种基于文本（text）的编程语言，也就是说你需要输入一条条指令来组成代码片段，而非像Scratch那样拖拽代码块就能完成程序的编写。豆瓣之类的网站就是用Python编写的。

本书将教你使用HTML、CSS和JavaScript这3种语言来编写代码。学会了这些编程语言，你就可以开发出能在互联网上运行的程序了，比如在网页浏览器上运行的网站、应用程序、游戏和许多其他程序。

编程术语

应用程序（application，常缩写为app）是一种计算机程序，通常是指用户用来执行特定任务的一种程序，比如进行文字处理或发送电子邮件的程序。

2.编码和网络

一个庞大的网络连接着全世界绝大多数的电脑，这个网络被称作互联网。有了它，我们可以在几秒钟内与世界各地的人们相互传递信息。也许你已经会使用互联网来访问网站、观看视频、发送电子邮件、听音乐或玩游戏。但你知道吗，当你连上互联网浏览网页时，你就已经用到了一连串不同的计算机程序？你所用到的那个叫作“网页浏览器”的程序，通过互联网，连接到了在Web服务器上运行的程序，这样你才能迅速便捷地与他人共享信息。

万维网

互联网由许多较小的网络组成。万维网（World Wide Web，即我们通常所称的“网络”）是其中的重要组成部分，它连接着众多电脑，每天都有无数人在使用它，而它是由许多独立的网页组成的。

网页是程序员用计算机代码编写的文件，它们几乎都是用一种叫HTML的编程语言编写的。HTML包含了在电脑屏幕上展示一个网页时所需要的全部信息。当一组网页链接在一起时，这组页面就被称为网站。我们通常会使用网页浏览器来访问网站。

网页浏览器

网页浏览器是我们用来浏览网页的电脑程序。你可能使用过一些网页浏览器，比如谷歌Chrome、微软Internet Explorer、360浏览器和火狐浏览器等，用它们来访问各种不同的网站。网页浏览器通过网址（web address）来找到网络上的网页，并通过另一个称为Web服务器的程序访问网页上的信息。

Web服务器
网页浏览器发送访问网页的请求
Web服务器收到请求后发送网页

服务器是给其他电脑提供信息的电脑。Web服务器，则既指将网页提供给你的浏览器的硬件（即电脑），也指相关的软件（即程序）。要访问网页，你的网页浏览器必须连接到该页面所在的Web服务器，Web服务器上运行的程序就可以找到你的浏览器请求的页面，然后把这个页面的HTML代码返回给你的电脑。

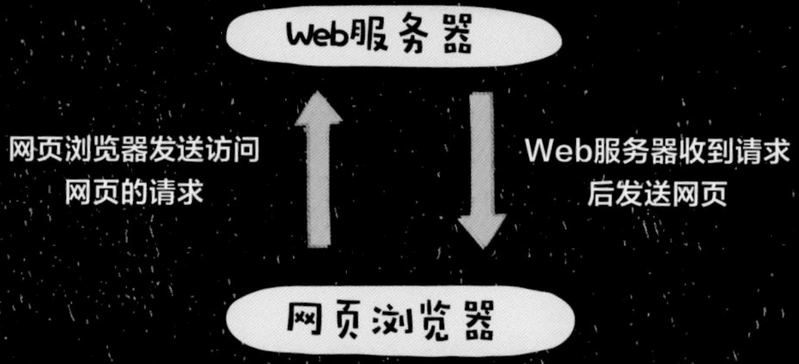

网址

正如我们所知，网址是一个便于网页浏览器找到Web服务器和所需的HTML文件的地址。互联网上有数百万个网站，如果每个网页都没有各自的单独的网址，那么网页浏览器就不知道到哪里去寻找它们了。网址被分成不同的部分，每个部分会告诉网页浏览器不同的信息：

这个部分告诉网页浏览器要连接到哪个服务器

网页

当Web服务器发送一个网页给网页浏览器时，它发送的实际上是一个HTML文档。HTML文档由HTML元素组成，如文本和图像，以及各元素在屏幕上的精确位置和显示方式。

当网页浏览器读取HTML代码里的指令时，我们就称浏览器在“解析”HTML文档。当它解析指令时，会在屏幕上绘制文档中的每个元素。一个HTML文档可以是只包含几句话的文本，最简单的HTML文档只有几行代码那么长，就像这样：

```
<!DOCTYPE html>
<html>        HTML元素
<head>
  <title>开始编程！</title>
</head>
<body>
  你准备好开始编程了吗?
</body>
</html>
```

也有的HTML文档非常复杂，它会包含其他编程语言，如CSS和JavaScript语言。

请翻到下一页，发现更多包括HTML在内的用来编写网页的编程语言！

3.编写网页

目前世界上最常用的3种编程语言是HTML、CSS和JavaScript。这些语言可以用来开发网页和基于网页的应用程序，你可以用它们来开发出非常棒的、能够交互的网页。接下来你就要学习如何使用这些语言来编写代码了。

HTML

目前几乎所有的网页都是用HTML（HyperText Markup Language，超文本标记语言）编写的。HTML是蒂姆·伯纳斯-李在20世纪90年代初开发的，非常适合用来搭建网页的基本结构。HTML文档由多个独立的HTML元素组成，这些元素通过打开和关闭标签来创建。用尖括号（<>）括起来的每个标签代表着每个元素的名称，标签的内容则写在打开标签和关闭标签之间。每个HTML标签都是一条指令，告诉浏览器如何在屏幕上显示内容。标签允许你在网页中添加文本、图像和视频，它会将信息分成几个部分，例如几行或几个段落。

CSS

CSS（Cascading Style Sheets，层叠样式表）是一种与HTML配合使用的编程语言，它能使网页看起来更漂亮。HTML本身的显示效果很乏味，所以你可以使用CSS来改变文字和图片的颜色、大小以及位置。CSS可以使一行文字变得更大或更小，也可以改变网页的背景颜色或网页里图像的位置。

JavaScript

JavaScript是一种非常重要的编程语言，因为它赋予了网页生命，让网页具有互动性，能根据用户的操作而做出改变。因此如果你希望弹出一个警告，或者让用户能够点击一个按钮，那就得使用JavaScript来实现。如果你仅仅使用HTML和CSS，不使用JavaScript的话，你也能做出一个看起来不错的页面，但它不会对用户的操作做出反应。

智商“爆表”的程序员们

爱达·洛夫莱斯
（Ada Lovelace，1815—1852）
在1843年编写出了世界上第一个计算机程序。

格雷丝·霍珀
（Grace Hopper，1906—1992）
创造了世界上第一个计算机编译器，即可以把人类能读懂的代码转换成计算机语言的程序。

阿兰·图灵
（Alan Turing，1912—1954）
为现代计算机科学奠定了基础的数学家。

蒂姆·伯纳斯-李
（Tim Berners-Lee，1955— ）
发明万维网和HTML编程语言的计算机科学家。

保罗·艾伦（Paul Allen，1953— ）和**比尔·盖茨**（Bill Gates，1955— ）
创立了微软技术公司，开发了Windows操作系统。

布伦丹·艾希
（Brendan Eich，1961— ）
发明了JavaScript编程语言。

谢尔盖·布林（Sergey Brin，1973— ）和**拉里·佩奇**（Larry Page，1973— ）
计算机科学家、互联网企业家，谷歌（Google）搜索引擎的联合创始人。

马库斯·佩尔松
（Markus Persson，1979— ）
电脑游戏程序员，他开发了游戏“我的世界（Minecraft）”。

马克·扎克伯格
（Mark Zuckerberg，1984— ）
计算机程序员，创立了脸书（Facebook）社交网站。

如何使用这本书

这本书里有6个很有趣的任务，你要做的就是通过这些任务学会使用HTML、CSS和JavaScript来编程。然后，你就可以使用新的编码技能来帮助勇敢的探险家贝尔斯通教授和顶尖的科学家戴博士，他们在一次探险中发现了一颗价值连城的芒克钻石（Monk Diamond），现在迫切需要你来帮助他们保护钻石的安全。

任务简介

每项任务开始后，你会收到一份由贝尔斯通教授或戴博士发来的任务简介。这份简介要求你使用学到的编码知识完成一个DIY作业来帮助他们。这些任务包括创建网页、密码、应用程序以及规划路线、制作游戏和建立一个完整的网站。

探险家百科

任务简介后有一份来自“探险家百科”中的条目，你可以在其中了解到更多关于贝尔斯通教授、戴博士和芒克钻石的信息，然后使用这些信息来帮助你完成任务。

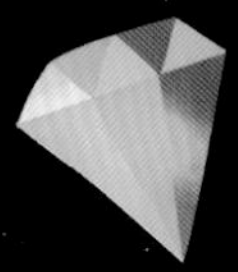

芒克钻石

编码技能

学习编写代码的最好方法是实践！编程需要使用特殊的文字和符号，一开始也许你会望而生畏，但很快你就能熟练使用不同的编程语言了。每项任务中都贯穿着编码技能的练习，来帮助你认识每条代码的工作原理。通过循序渐进的练习，你很快就能掌握新的编码技能了。

DIY作业

每项任务的最后都有一个DIY作业，你需要运用新学到的编码技能来完成作业、结束任务。芒克钻石的命运就掌握在你手中！

关键编码技能

在收到任务1的简介之前，你需要学习一些基本的编码技能。在整本书的学习过程中都要用到这些关键技能，所以我们现在就要掌握它。你可以使用安装Windows操作系统的电脑或安装macOS操作系统的苹果电脑来编程，不过你必须根据你所使用的操作系统来决定用哪种方法创建和保存HTML文件。

关键编码技能1 ► 创建一个文件夹

你要把你所有的HTML文件都保存在电脑里，因此你可以在电脑桌面上创建一个叫“编程”的文件夹。所有的HTML文件都必须保存在同一个文件夹里，这点非常重要，所以你要保证在进行任务时始终使用这个文件夹。

Windows 在安装Windows操作系统的电脑上，右键单击桌面，然后选择“新建”，再单击“文件夹”，就可以创建文件夹了。把新建的文件夹命名为**编程**。

Mac 在苹果电脑上，按住Control键再点击桌面，然后选择“新建文件夹”。把新建的文件夹命名为**编程**。

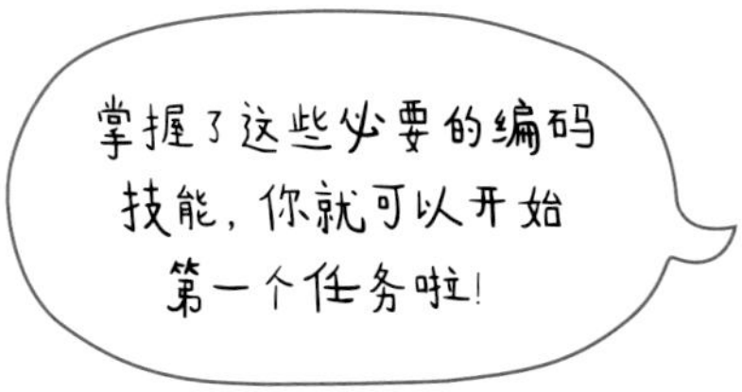

掌握了这些必要的编码技能，你就可以开始第一个任务啦！

关键编码技能2 ► 创建一个HTML文件

你得学会创建一个HTML文件，这样才可以编写代码。程序员通常使用专业软件来编写代码，但所有的电脑都自带文本编辑程序，来让你编写HTML文件。如果你使用的是安装Windows操作系统的电脑，你可以使用“记事本”；如果你使用苹果电脑，那你可以用“文本编辑（TextEdit）”程序。

Windows

在电脑桌面上，点击左下角的“开始”菜单，并在搜索栏中输入“记事本”，即可找到“记事本”程序。

Mac

在屏幕右上角的搜索放大镜探照灯（Spotlight）中输入“文本编辑”，就能找到它了。打开文本编辑程序后，你需要执行以下操作：

- 将文件设置为纯文本（而不是多信息文本）文件。在菜单栏中选择“格式”，再选择“制作纯文本”。
- 或者在菜单栏的“文本编辑”中选择“偏好设置”。在“新建文档”栏下的“格式”部分中勾选“纯文本”复选框。在“选项”部分，则要确保**没有勾选**“智能引号”复选框。
- 在“偏好设置”中的“打开和存储”部分，请确认**未勾选**“将HTML文件显示为HTML代码而不显示为格式化的文本”复选框。

关键编码技能3 ► 保存HTML文件

当你第一次保存HTML文件时，要确保在文件名的末尾使用.html作为文件扩展名。电脑会根据文件扩展名来决定如何打开文件。我们使用.html文件扩展名，就是告诉电脑要在网页浏览器中打开这个文件。

Windows

在安装Windows操作系统的电脑上，你需要这样操作：

- 单击记事本左上角的“文件”菜单，然后单击“另存为”。
- 找到并双击**编程**文件夹作为保存文件的位置。
- 给文件命名，例如“任务1”，并把它输入到“文件名”文本框。
- 在输入的文件名后，输入**.html**，这时文件名就是**任务1.html**，然后单击“保存”。

Mac

在苹果电脑上，你需要这样操作：

- 单击文本编辑器的“文件”菜单，然后单击“存储”。
- 选择**编程**文件夹作为保存文件的位置。
- 给文件命名，例如“任务1”，并把它输入“存储为”文本框。
- 在输入的文件名后，输入**.html**，这时文件名就是**任务1.html**。
- 保证复选框“如果没有提供扩展名，则使用‘.txt’。”**未勾选**，然后点击“存储”。

关键编码技能4 ► 打开HTML文件

想要看看代码运行后会呈现为什么样子，你就需要在网页浏览器中打开HTML文件。然后，你可能还想回到文本编辑程序对代码进行一些修改。

Windows

在安装Windows操作系统的电脑上，你需要这样操作：

- 按照“关键编码技能3”中的方法保存文件。
- 打开桌面上的**编程**文件夹，双击HTML文件，它就会在网页浏览器中打开。
- 如果你还想要编辑代码，可以在**编程**文件夹中左键单击选中HTML文件，再右键单击HTML文件，选择“打开方式”，然后点击“记事本”。

这得使用网页浏览器，比如谷歌浏览器或360浏览器。

Mac

在苹果电脑上，你需要这样操作：

- 按照“关键编码技能3”中的方法保存文件。
- 打开桌面上的**编程**文件夹，双击你的HTML文件，它就会在网页浏览器中打开。
- 如果你还想要编辑代码，可以在**编程**文件夹中右键单击HTML文件，选择“打开方式”，然后点击“文本编辑”。

关键编码技能5 ► 使用配套资源包

不要忘记，当你学习这本书里的内容时，你还可以同步使用我们提供的配套资源包帮助你完成任务。在资源包里你可以找到你需要使用的图片。如果在写代码时感到困惑了，你也可以打开“编码技能与DIY作业”文档，查看正确的代码，你甚至可以把其中的代码块复制并粘贴到你的文本编辑程序中。

配套资源包的下载地址是：
www.hinabook.com/download/GETCODING.html
以及dwz.cn/T7AmHbBp

在资源包中，你会发现这些：

- 贝尔斯通教授、戴博士、欧内斯特和芒克钻石的图片。
- 每个“编码技能”练习和“DIY作业”的代码块。

这些步骤可能会因为操作系统不同而有所差异。如果你感到困难了，请在线搜索如何在你使用的操作系统（Windows 或 macOS）上编写HTML 程序。

任务 1

创建网页

- 了解HTML是什么，如何工作
- 用HTML制作一个简单的网页
- 在HTML网页中添加文本和图像
- 了解如何使用CSS来设计和规划网页

任务简介

亲爱的程序员：

我们并没有见过面，但我相信您听说过我的名字，我是探险家哈里·贝尔斯通教授。之所以给您发这封邮件，是因为我非常需要您的帮助。

目前我正在西伯利亚山区的勘探队中，与顶尖的科学家鲁比·戴博士以及我的狗欧内斯特在一起。我们勘探的目的是找到史前化石，但是现在我们有了一个比化石更令人震惊的发现！

我们在勘探一个山洞时，欧内斯特突然狂吠起来，还不停地嗅着一块大石头。我们走近一看，发现有个东西藏在岩石间的缝隙里。戴博士拨出了这个东西，那是一个包裹在油布里的小盒子。当我打开盒子时，我简直不敢相信自己的眼睛！

里面是传说中的芒克钻石！您肯定知道，在3年前那次猖狂的抢劫案中，芒克钻石在莫斯科被人盗走，从此下落不明。我们的这个发现可以说具有重大的国际意义啊！

现在我们只能使用我的紧急助力背包简单地连上互联网。戴博士和我希望您能伸出援手，运用您的编码技能来创建一个用来宣布这个重大发现的网页。

我附上了一则来自“探险家百科”的条目，它会告诉您所有关于芒克钻石的非凡历史，在创建网页时您或许会用到这些信息。等我们抵达莫斯科的时候，我们将使用您的网页来宣布我们的发现。

感谢您帮助我们完成这项令人激动的使命，这是一项伟大的工作！

从寒冷的高山送上最热烈的祝福！

哈里·贝尔斯通教授

探险家百科
每个冒险者的指南

主页
目录
重大发现
著名探险家
历史性探险事件

芒克钻石

来自探险家百科——每个冒险者的指南

本条内容关于芒克钻石。如需查看其他珠宝，请参阅钻石。

芒克钻石是世界上最稀有、最昂贵的钻石之一，因为它是非常独特、罕见的绿色钻石，被发现于1880年。1889年，一位俄罗斯贵族买走了这颗钻石，并送给了他的妻子。十月革命期间，芒克钻石在那位贵族位于圣彼得堡的宫殿中失窃。接下来的30年间，

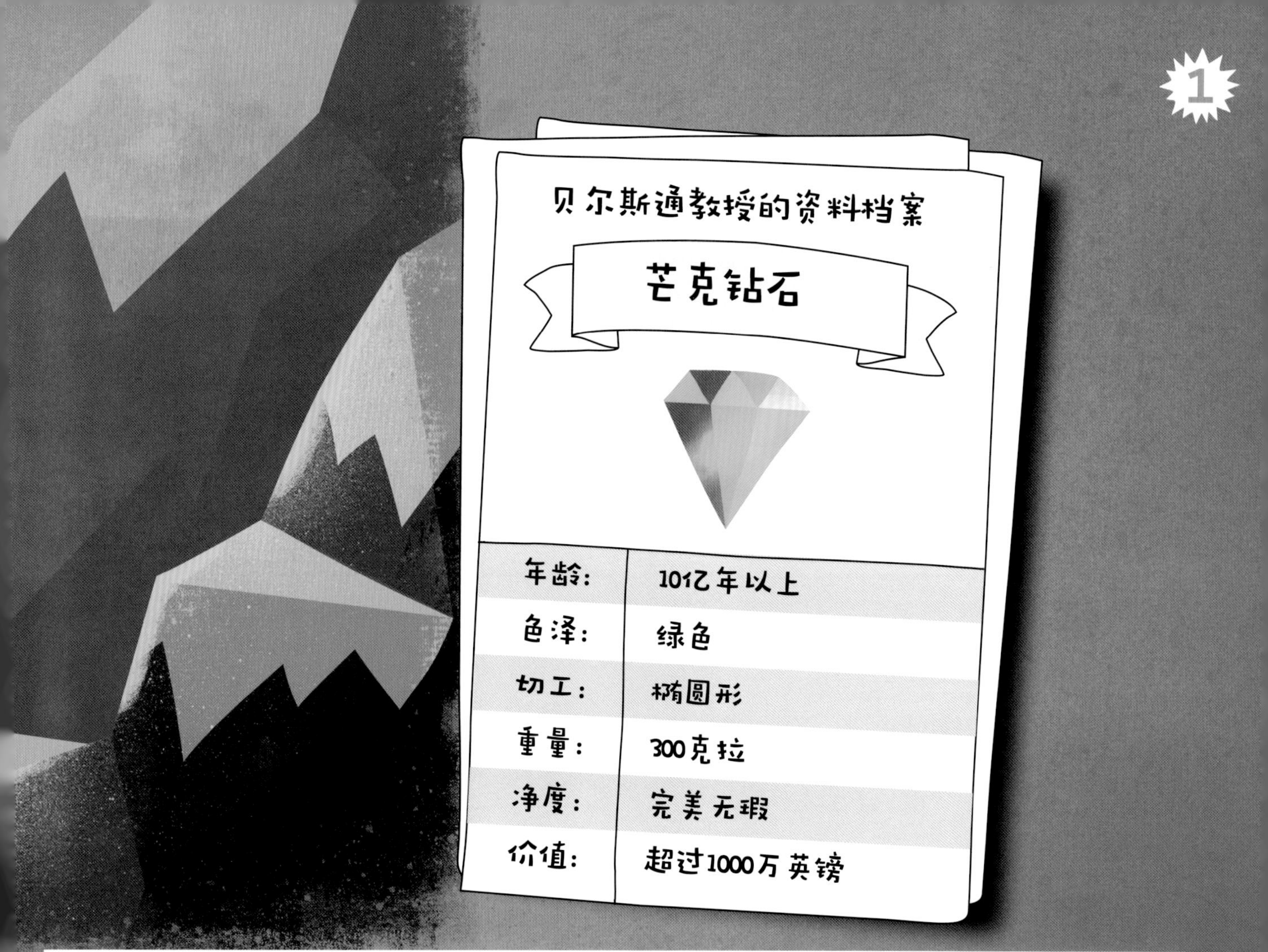
1
贝尔斯通教授的资料档案
芒克钻石
年龄： 10亿年以上
色泽： 绿色
切工： 椭圆形
重量： 300克拉
净度： 完美无瑕
价值： 超过1000万英镑

芒克钻石一直下落不明。直到1947年，在莫斯科的一次抓捕犯罪分子的行动中，芒克钻石被发现了，之后它又重新回到了贵族家中。

但贵族的儿子认为芒克钻石会带来厄运，就把它卖给了莫斯科最古老的珠宝公司沃尔科夫公司。沃尔科夫公司没有公开这颗钻石的交易价格，但传言说这是钻石交易史上最高昂的一次出价。

芒克钻石一直作为沃尔科夫公司的私家珍藏展出，直到3年前在一宗疯狂的抢劫案中被盗。尽管警方进行了长时间的调查并发布了巨额的悬赏，但还是没能追查到罪犯的下落，案件一直悬而未决。

很多人认为偷盗者是邦德兄弟，一个国际性珠宝盗窃团伙，曾经实施过许多臭名昭著的盗窃案。探险家贝尔斯通教授曾提出一个设想：芒克钻石被邦德兄弟从莫斯科带走，藏到了俄罗斯某处。他认为“一直要等到在黑市上出售钻石不会引起怀疑的时候，偷盗者才会现身”。

用HTML编程

你已经读过任务简介，是时候开始编程了。要创建贝尔斯通教授需要的网页，你首先要学会编写HTML（HyperText Markup Language，超文本标记语言）。HTML是程序员用来创建网站的编程语言，你可以用它来给浏览器发送指令，给网页添加文字和图像，把一条一条的信息组合成行、段落或者章节。

一个HTML网页也叫一个文档，它是由HTML元素组成的。HTML元素则用我们称之为“标签（tags）”的小块代码来创建。标签几乎总是成对出现，页面上的每一条内容（比如一段文字或一张图片）就夹在一对标签之间。每个标签包含一条发给网页浏览器的指令，告诉它如何在屏幕上显示这些元素，这就是HTML被称为“标记语言”的原因：你得使用标签，通过向浏览器发送指令，来标记每一条内容。

HTML标签

每个标签由一段代码组成，这些代码要用尖括号（<>）括起来。在键盘上，尖括号与逗号和句号分别共用一个键。我们来看一下标签的范例：

很简单，<p>是段落(paragraph)标签的意思，你会在以后的任务中学到更多关于这个标签的知识。

```
<p>贝尔斯通教授和戴博士发现了芒克钻石。</p>
```

开始标签　　结束标签

这是段落标签<p>。当标签成对出现时，我们把出现在前面的标签称为开始标签（opening tag），出现在后面的标签称为结束标签（closing tag）。你很容易就能认出结束标签，因为它包含了斜杠（/）。当你的浏览器读取这段代码时，它会明白这是告诉它把开始标签和结束标签之间的文本组成一个段落。

要编写网页，你得在文本编辑程序中创建一个HTML文件。浏览器要求标签必须按照一定的顺序出现，所以你最好先编写对整个页面进行说明的标签，然后再编写对网页上的特定内容进行说明的标签。一对标签之间可以再写入其他标签，你只需记住在编写完成时要结束每个标签。

我们来看看编写一个非常简单的网页需要用到哪些HTML标签。使用这些标签，你就能创建一个由标题和一些文本组成的网页。每个标签会给你的浏览器提供不同的信息：

<!DOCTYPE html>

这个叫<!DOCTYPE>声明，它总是出现在HTML文件的第一行。它告诉浏览器我们的页面是用哪个版本的HTML编写的。注意它并不是一个HTML标签，所以是用大写字母写的，也不需要结束标签。

<html>

这是<html>标签，它告诉浏览器，我们开始用HTML来编写我们的网页了。

```
<!DOCTYPE html>
<html>
<head>
  <title>
    发现芒克钻石
  </title>
</head>
<body>
  <p>贝尔斯通教授和戴博士发现了芒克钻石。
  </p>
</body>
</html>
```

<head>

这是<head>标签，在这里面，你可以写入不会显示在页面主体上的信息，比如网页标题。另外，如果你希望浏览器对整个页面都执行什么指令的话，也可以写在这里面。

<title>

这是<title>标签，它要写在<head>标签之内，它里面的内容不会在网页主体上显示出来，但当你打开网页时，你会发现它的内容成了网页标题。

<body>

你想在网页主体上呈现的所有内容都需要写进<body>标签中。所以，当我们打开这个文件时，这行关于芒克钻石的文字将出现在我们的网页上。

<p>

这是段落标签。这对标签之间的文本将组成一个段落。

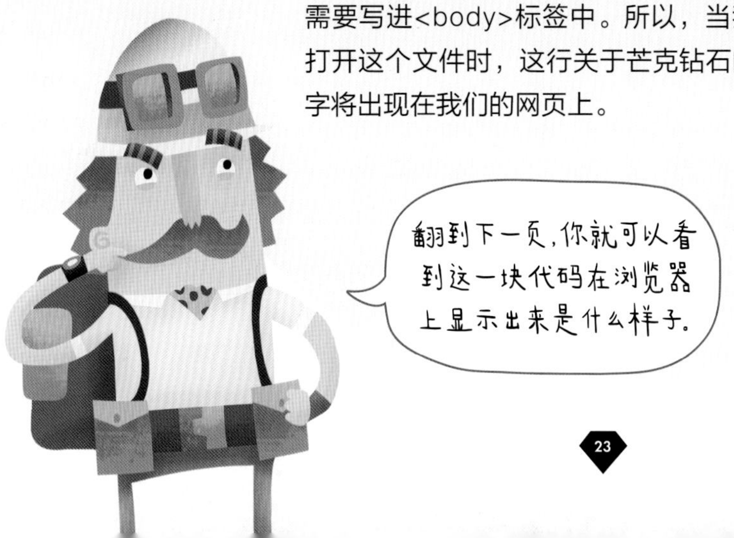

翻到下一页，你就可以看到这一块代码在浏览器上显示出来是什么样子。

我们保存好写在文本编辑程序里的代码，然后在浏览器中打开它，浏览器就会解码这个HTML文件，并在屏幕上绘制出网页，它看起来就是这样：

你看，<title>标签之间的文字变成网页标题了吧？

发现芒克钻石
贝尔斯通教授和戴博士发现了芒克钻石。
再看看<p>标签之间的所有内容是怎样变成网页内容的！

编写HTML

现在你已经知道HTML标签是什么，它们怎么工作，那么你该去使用它们了。学习新代码的最好方法就是去编写它们。在本书里你会找到很多“编码技能”模块，请一步步地照着指示操作吧，每次都要学会新的技能哦！

有一点非常重要，就是必须尽力保证你编写的代码是准确的。哪怕只有一个字母、符号写错或漏写，都可能导致你的程序失灵，浏览器也无法理解你的指令。如果你的程序出了问题，请检查以下事项：

这些都是编程的要诀！

- 你没有遗漏任何标签或弄错标签的顺序；
- 代码中没有输入或拼写错误；
- 你在代码中使用了正确的大小写；
- 你按照正确的顺序写完了需要用到的所有符号；
- 你使用的是半角的英文引号（""），而不是全角的中文引号（“”）*；
- 你已通过添加斜杠（/）来关闭所有的标签；
- 你已把文本编辑程序另存为HTML文件（**.html**）。

如果你仍然没有弄清问题所在，请打开配套资源包中“编码技能与DIY作业”文档，那里有你需要的代码块，你可以把它们复制并粘贴过来。

* 大多数输入法都允许你通过按键盘上的Shift键切换中／英输入方式，来达到切换全角／半角符号的目的。如果不能切换，请在线搜索如何切换半角和全角。——编者注

编码技能 ► 编写HTML

我们来用HTML标签编写一个非常简单的网页。请根据下面的步骤，学习创建一个由标题和一段文本组成的HTML网页。

1. 打开文本编辑程序。如果忘记了操作方法，请翻回第16页查看“关键编码技能2”。

2. 将下面的代码输入到文本编辑程序中：

```
<!DOCTYPE html>
<html>
<head>
  <title>芒克钻石</title>
</head>
<body>
  <p>芒克钻石是非常珍贵的宝石。</p>
</body>
</html>
```

请一定要仔细输入代码，代码中只要出现了一丝差错，网页浏览器就不能读懂你的代码了。<!DOCTYPE>声明必须使用大写字母，而最后一个标签一定是</html>。请检查是否已经关闭了所有标签，注意不要漏掉斜杠（/）。

3. 把这个文件保存为HTML文件（**.html**），并存放到**编程**文件夹中，命名为**网页模板.html**。如果忘记了操作方法，请翻回第15页和第16页，查看“关键编码技能1”和“关键编码技能3”。

4. 在浏览器中打开这个HTML文件。如果忘记了操作方法，请翻回到第17页查看“关键编码技能4”。你的代码将变成一个网页显示在屏幕上，就像这样：

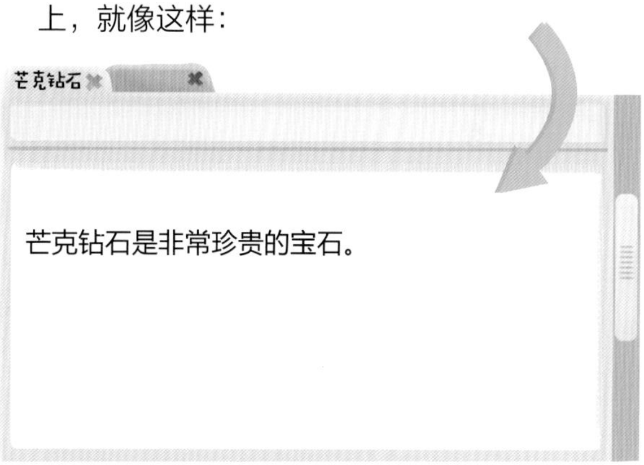
芒克钻石
芒克钻石是非常珍贵的宝石。

然后再次在文本编辑程序中打开这个文件，把<title>标签之间的文字和<p>标签之间的文字修改成你喜欢的文字，再保存文件。

5. 点击浏览器上的“刷新”按钮，或者按下F5键（安装Windows系统的电脑），或者同时按下Command和R键（苹果电脑），刚才进行的修改就会显示在屏幕上。

你创建了你的第一个网页啦!

用HTML标签创建网页

现在你已经学会编写HTML标签了，下面我们学习如何使用它们来编写一个更复杂的网页。上一页的“编码技能”中说到，如果在<p>的开始标签和结束标签之间输入文字，这些文字就会出现在屏幕上。但是如果我们的网页上只显示这一个文字块，那看起来就很无聊了。如果我们还想弄出几行或几段文字，我们就必须学习新的标签。

这些新标签仍然要放在<body>的开始标签和结束标签之间。把一对标签放在其他标签里面，这就叫作“嵌套（nesting）”。嵌套让我们能创建出更精彩的页面布局。我们来看看下面这个使用了<body>标签和<p>标签的嵌套示例：

缩进

```
<body>
  <p>芒克钻石价值超过1000万英镑。</p>
</body>
```

<p>标签嵌套在<body>标签中

HTML里的空白缩进无关紧要，但程序员都喜欢在每次写新标签时缩进一下，这样可以帮助他们检查什么时候打开和关闭了一个标签，也能使代码更容易阅读。所以请你在每次编写新标签时也按下Tab键来缩进代码。

好了，接下来我们学习段落和换行的标签。它们的尖括号中的代码非常简单，就是“段落（paragraph）”和“换行（break）”的缩写，即p和br。

注意到了吗？

所有的标签都是用小写字母写的，并且标签和文本之间没有空格。

段落标签：<p>和</p>

段落标签用来创建新的段落，开始标签为<p>，结束标签为</p>，两个标签之间的所有内容都将组成一个段落。你想创建一个新的段落的话，就要使用新的段落标签。看看下面这个例子，我们在里面编写了两个段落：

开始标签

```
<body>
  <p>贝尔斯通教授和戴博士有一个重大发现。</p>
  <p>他们在西伯利亚的一个偏僻山洞里发现了芒克钻石。</p>
</body>
```

结束标签

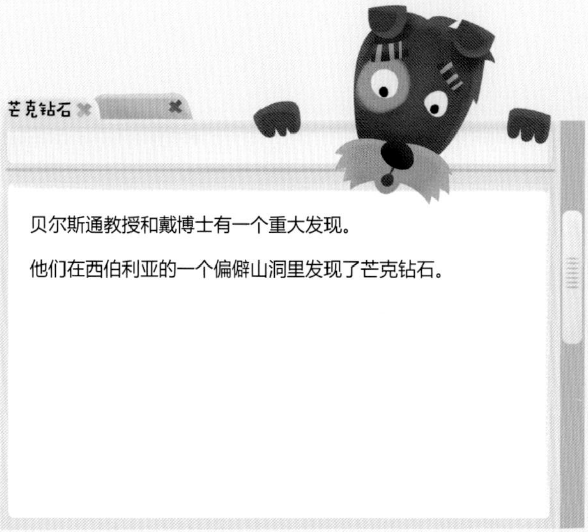
芒克钻石
贝尔斯通教授和戴博士有一个重大发现。
他们在西伯利亚的一个偏僻山洞里发现了芒克钻石。

在浏览器中打开这个文件，
它就是这个样子！

换行标签：

换行标签可以让你的文本另起一行，注意不是另起一段。它是会**自动结束（self-closing）**的HTML标签，因为它不需要浏览器在屏幕上显示什么内容，所以它也是单个的、不成对的标签。在下面这个示例中，我们同时使用了<p>标签和
标签来改变文本的显示方式：

```
<body>
  <p>贝尔斯通教授和戴博士有一个重大发现。<br/>
     贝尔斯通教授是一位卓越的探险家。<br/>
     戴博士是一位化石研究专家。</p>
  <p>他们在西伯利亚的一个偏僻山洞里发现了芒克钻石。</p>
</body>
```

换行标签

芒克钻石
贝尔斯通教授和戴博士有一个重大发现。
贝尔斯通教授是一位卓越的探险家。
戴博士是一位化石研究专家。
他们在西伯利亚的一个偏僻山洞里发现了芒克钻石。
现在轮到你来试试
这些新标签了！

编程术语

一个**自动结束**的HTML标签既是开始标签，又是结束标签，它们合在了一起，只有某些特定的标签才会使用这种方式。你可以很轻松地认出一个自动结束标签，因为它的斜杠（/）写在英文字母后面，而不是写在前面。那种将斜杠写在英文字母前面的标签叫作“常规关闭标签”。

编码技能 ► 分段和换行

我们试试使用<p>标签和
标签来在网页中分段和换行。

1. 打开文本编辑程序，创建一个名为**分段和换行.html**的新HTML文件。如果忘记操作方法了，请翻回第15~17页查看“关键编码技能”。然后从**网页模板.html**中复制代码并粘贴到这个新文件里，再修改代码，使它变成这样：

```
<!DOCTYPE html>
<html>
<head>
  <title>芒克钻石</title>
</head>
<body>
</body>
</html>
```

2. 使用段落标签<p>。输入开始标签<p>，并输入一些文字，然后使用结束标签</p>。你可以多次重复这个步骤，你的代码看起来应该像这样：

```
<body>
  <p>芒克钻石在西伯利亚被发现了。</p>
  <p>贝尔斯通教授的狗欧内斯特发现了这
    颗宝石。</p>
</body>
```

3. 在第一个段落中再输入一些文字，然后将换行标签
添加到第一个句号之后，就像这样：

```
<body>
  <p>芒克钻石在西伯利亚被发现了。<br/>
    当时贝尔斯通教授和戴博士正在寻找化
    石。</p>
  <p>贝尔斯通教授的狗欧内斯特发现了这颗
    宝石。</p>
</body>
```

4. 将这个HTML文件保存到**编程**文件夹中，然后在浏览器中打开这个网页，页面会显示成这样：

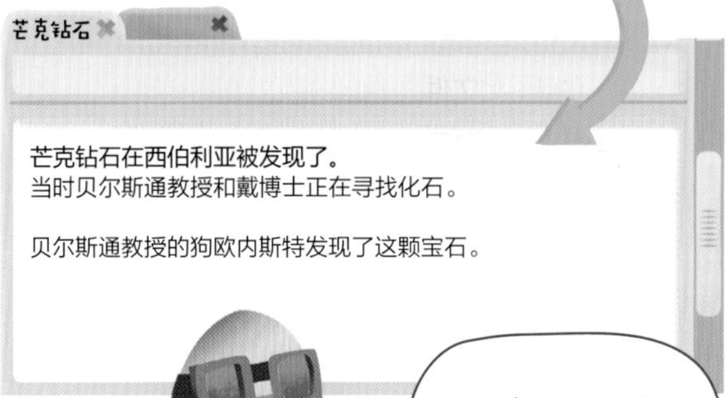

干得不错！但是有关芒克钻石的图片怎么办？

我想接下来该学习图片标签了。

图片标签：<img/>

现在你已经掌握了段落标签和换行标签的用法，下面我们来学习如何向网页中添加图片。图片标签<img/>也是一个自动结束标签。但在这个标签里面，你必须输入一条称为源**属性**（src attribute）的信息。图片标签是这样的：

```
<img src = "图片.jpg"/>
```

用等号（=）和半角双引号（""）来设置源属性的值

你必须在<img/>标签中输入源属性，这样浏览器才知道去哪里找到这张图片。如果没有这个属性，浏览器就不知道该在屏幕上显示什么图片了。源属性的值可以设置为事先保存好的图片的文件名或者图片的网址。

编程术语

如果想给浏览器提供HTML元素的附加信息，那运用**属性**就是一个有用的方法，你可以在标签中添加很多不同种类的属性。

属性由两个部分组成：属性名称和属性的值。你要使用等号（=）来设置属性的值，并将值放在半角双引号（""）中。所以属性都是这样的：名称 = "值"。属性可以添加到开始标签或单个标签（如自动结束标签）中。

使用事先保存的图片

如果在你的**编程**文件夹中保存有一份JPEG格式（**.jpg**）的图片文件，那么把这张图片添加到网页中就很容易了。你只要将源属性的值写成图片文件的名称就可以了，记得使用等号（=）和半角双引号（""）。如果你的图片文件名为**钻石.jpg**，写入代码时就是这样：

芒克钻石
贝尔斯通教授给我们发来了这张有关芒克钻石的宝贵照片：

```
<body>
  <p>贝尔斯通教授给我们发来了这张有关芒克钻石的宝贵照片：</p>
  <img src = "钻石.jpg"/>
</body>
```

图片标签　源属性　文件名

使用图片网址

如果你想把网络上的一张图片放到你的网页中，你就必须把<img/>标签中源属性的值写成该图片的网址。你可以用右键单击那张图片，选择“复制图片地址”（安装Windows系统的电脑）或者“拷贝图像地址”（苹果电脑），这样就能找到该图片的网址。然后粘贴到<img/>标签中作为源属性的值，别忘了把它放在半角双引号（""）中，就像这样：

```
<body>
  <p>这是贝尔斯通教授和戴博士首次合作探险。</p>
  <p>这就是他们团队的照片：</p>
  <img src = "http://hinabook.com/upload/201807/1531204644107097.jpg"/>
</body>
```

网址都是用http://或者https://开头的

给图片命名

如果你的网页中包含了图片，你就应该给图片命名。这样可以帮助搜索引擎（比如百度）找到你的网页，也给那些不能下载图片的用户提供了方便。

要给图片命名，你就得在源属性后面加上**替代属性（alt）**，比如这样：

```
<img src = "钻石.jpg" alt = "钻石"/>
```

替代属性

现在我们编写好了包含文本和图片的网页，整个代码段就像这样：

```
<body>
  <p>这是贝尔斯通教授和戴博士首次合作探险。</p>
  <p>这就是他们团队的照片：</p>
  <img src = "http://hinabook.com/upload/201807/1531204644107097.jpg" alt = "团队"/>
</body>
```

在有些网页浏览器中，如果你把鼠标停在图片上不动，浏览器就会弹出一个小窗口，显示替代属性中的文字

注意到了吗？

我们代码里的引号都是半角的英文引号（""），而不是全角的中文引号（“”），如果你错用了全角引号，浏览器就无法理解这些信息了。

编码技能 ► 添加图片

让我们在网页中添加一些有关芒克钻石、贝尔斯通教授、戴博士和欧内斯特的图片，让网页显得更加丰富、漂亮。

1. 打开配套资源包，在“任务1”文件夹中找到“图片资源”文件夹，再在其中找到芒克钻石的图片，右键单击图片，然后点击“复制”，再粘贴到**编程**文件夹中，并把它命名为**钻石.jpg**。

2. 打开文本编辑程序，创建一个名为**图片.html**的新HTML文件，然后将**网页模板.html**中的代码复制并粘贴到新文件中。再修改代码，把它改成这样：

```
<!DOCTYPE html>
<html>
<head>
  <title>芒克钻石</title>
</head>
<body>
  <p>芒克钻石是罕见的绿色钻石。</p>
</body>
</html>
```

3. 向网页中添加一张芒克钻石的图片，在结束标签</p>下面添加一个源属性为空的<img/>标签，就像这样：

```
<p>芒克钻石是罕见的绿色钻石。</p>
<img src = " "/>
```

4. 向源属性中添加一个值，把保存在**编程**文件夹里的图片文件的名称写进去，就像这样：

```
<p>芒克钻石是罕见的绿色钻石。</p>
<img src = "钻石.jpg"/>
```

保存这个HTML文件并在浏览器中打开它，你添加的图片就会显示在屏幕上。

5. 现在我们使用网址，把贝尔斯通教授、戴博士和欧内斯特的图像添加到网页中。
添加另一个段落和另外一个源属性为空的<img/>标签，就像这样：

```
<p>芒克钻石是罕见的绿色钻石。</p>
<img src = "钻石.jpg"/>
<p>这个发现让整个团队非常兴奋。</p>
<img src = " "/>
```

别忘了，属性都要用半角双引号包起来。

翻页继续

编码技能 ► 接上页

6. 在后浪官方网站上找到《开始编程！》详情页面（www.hinabook.com/product/GETCODING.html），再在“详细信息”中找到团队的图片，右键单击图片，然后根据你电脑的操作系统，选择“复制图片地址”或者“拷贝图像地址”，再粘贴到<img/>标签的源属性中，就像这样：

```
<p>这个发现让整个团队非常兴奋。</p>
<img src = "http://hinabook.com/upload/201807/1531204644107097.jpg"/>
```

保存这个文件并刷新浏览器，你就可以在屏幕上看到第二张图片了。

芒克钻石
芒克钻石是罕见的绿色钻石。
这个发现让整个团队非常兴奋。

7. 最后，你需要给<img/>标签中增加两个替代属性，给每张图片起一个名字。你的代码应该像这样：

```
<!DOCTYPE html>
<html>
<head>
  <title>芒克钻石</title>
</head>
<body>
  <p>芒克钻石是罕见的绿色钻石。</p>
  <img src = "钻石.jpg" alt = "芒克钻石"/>
  <p>这个发现让整个团队非常兴奋。</p>
  <img src = "http://hinabook.com/upload/201807/1531204644107097.jpg" alt = "团队"/>
</body>
</html>
```

保存这个文件并刷新浏览器，把鼠标停留在图片上，或许就能看到替代属性中的文字（这取决于你使用的浏览器，如某些版本的IE浏览器会显示替代属性中的文字，而360浏览器不会）。

欧内斯特看起来是不是特别骄傲?

编码技能核对单✓

用HTML编程

这些诀窍一定要记住，在你使用HTML标签时会很有用！

- HTML文档的基本结构都是这样的：

```
<!DOCTYPE html>
<html>
  <head>
  </head>
  <body>
  </body>
</html>
```

- HTML文档由HTML元素组成，元素则是用HTML标签来创建。每个标签都是一个指令，它告诉浏览器如何在屏幕上显示开始标签与结束标签之间的元素内容。
- HTML标签写在尖括号（<>）内。它有开始标签和结束标签，因此浏览器知道指令何时开始、何时停止。你可以通过斜杠（/）来认出结束标签。如果不需要向两个标签之间输入任何内容，则可以使用自动结束标签，即又是开始又是结束的标签。
- 标签都是用小写字母写的。
- 你可以嵌套使用HTML标签，但要记得关闭所有标签。
- 当你创建一个新的标签时，请务必按Tab键缩进代码，这能让你的代码便于阅读。
- 如果你想给浏览器提供附加指令或信息，那么可以使用多种HTML属性。属性放在开始标签或自动结束标签内，它们总有一个名字和一个值，你要用等号（=）和半角双引号（""）来设置。

网页一般不只包括文字和图片，下一页我们将学习网页的设计和规划。

网页设计和规划

现在你已经知道HTML标签是什么、它们怎么工作了，现在该开始考虑网页的设计和规划了。到目前为止，我们的HTML元素都是放置在网页上同一个位置的。如果我们要把文字和图像放在不同的位置，或者改变网页的设计，那就需要学习新的标签和属性了。

分区标签：<div>和</div>

分区标签<div>便于我们把网页分割为多个部分，从而改变布局。它的开始标签为<div>，结束标签为</div>。它是一种能高效便捷地把HTML元素组合在一起的标签，起到的作用就像一个看不见的容器。

当你在分区标签的开始标签和结束标签之间组合一些HTML元素时，你可以要求浏览器对分区标签内的所有元素进行相同的修改，而分区标签之外的元素将保持不变。我们先来看一下分区标签的工作原理：

开始标签<div>

样式属性

结束标签</div>

```
<body>
  <div style = "color: green;">
    <p>芒克钻石的年龄在10亿年以上。</p>
    <p>它是一颗罕见的绿色钻石。</p>
  </div>
  <p>它有300克拉，价值超过1000万英镑。</p>
</body>
```

这里我们将两段文字放在了分区标签内，并且使用了一种叫作样式（style）属性的新HTML属性，它将分区标签内的文字变成了绿色。但请注意，分区标签外的文字颜色保持不变。可以看到，分区标签能把HTML元素组合在一起，让我们统一改变它们。

在后面的"编码技能"中你会学到样式属性的许多用法。

编码技能 ► 创建分区

现在轮到你来试试分区标签了。掌握这个技能后，你就可以制作一个拥有趣味布局的网页了。

1. 打开文本编辑程序，创建一个名为**分区.html**的新HTML文件。然后将**网页模板.html**中的代码复制并粘贴到新文件中。再把代码修改成这样：

```
<!DOCTYPE html>
<html>
<head>
  <title>芒克钻石</title>
</head>
<body>
  <p>贝尔斯通教授是一位著名的探险家。</p>
  <p>戴博士是一位顶尖的科学家，她非常热爱恐龙化石。</p>
</body>
</html>
```

2. 在<body>标签内添加两对分区标签，让两个段落分别在一对分区标签内，就像这样：

```
<body>
  <div>
    <p>贝尔斯通教授是一位著名的探险家。</p>
  </div>
  <div>
    <p>戴博士是一位顶尖的科学家，她非常热爱恐
      龙化石。</p>
  </div>
</body>
```

3. 保存这个HTML文件，并在浏览器中打开它。分区标签并没有改变屏幕上的显示结果，但其实相关的HTML元素已经被组合在一起，等待着下一步的设计和位置调整了。

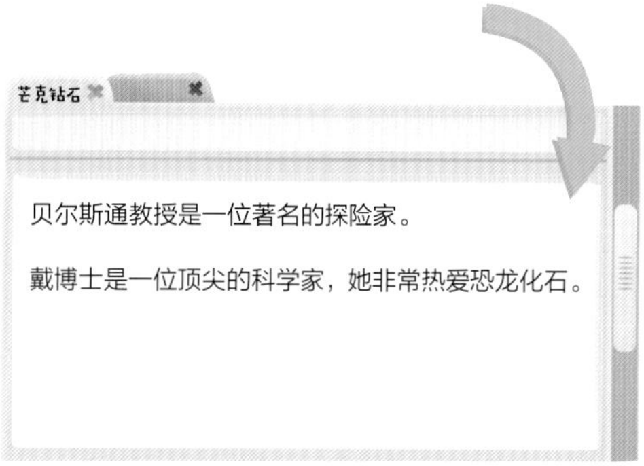
芒克钻石
贝尔斯通教授是一位著名的探险家。
戴博士是一位顶尖的科学家，她非常热爱恐龙化石。

用CSS编程

在目前的这个任务中，你已经开始使用HTML来编程了。正如你刚才看到的，分区标签用来将HTML元素组合在一起，便于你轻松地改变它们。但如果你想要改变HTML元素的外观和位置，你就要用到CSS了。

CSS是一种经常和HTML搭配使用的编程语言，程序员一般用它来改变HTML元素在浏览器上的表现方式。CSS是层叠样式表（Cascading Style Sheets）的缩写，有时也简称为“样式表（style sheets）”或“样式（style）”。你可以使用CSS来为网页上的元素增加颜色，或改变元素的形状和大小，还可以用它来改变元素的位置。事实上，你可以用CSS对页面的外观和风格做许多不同的改变。

样式属性

想要使用CSS来改变HTML元素的表现方式，你可以在元素的开始标签中添加一个样式（style）属性，而且任何HTML标签中都可以使用样式属性。样式属性的工作原理与我们前面用过的源属性和替代属性完全相同。下面我们来看看如何添加样式属性：

```
<p style = "CSS-property: value;">芒克钻石被藏在一个山洞中。</p>
```

样式属性　　CSS

跟我们之前学过的一样，样式属性的值是通过等号（=）和半角双引号（""）来设置的。我们通过设置样式属性的值，来将CSS应用于HTML标签。CSS是一种非常便于编写的语言，它分为两部分：属性和值。

CSS的属性和值

编写CSS时都要用到属性和值。属性告诉浏览器你想改变HTML元素的什么部分，而值告诉浏览器要把它改变成什么样子。所以CSS的工作原理就是这样：

CSS	含义	值的示例
属性（property）	想要改变什么	background-color（背景色）；height（高度）
值（value）	想改变成什么样	red（红色）; 200px（200像素）

使用CSS时，我们需要插入半角冒号（:）来将属性与值分开，在值的末尾还要使用半角分号（;）来表示结束。如果CSS属性不止一个单词，就要使用连字符（-）来连接单词。如果**语法（syntax）**使用不当，浏览器就无法理解你的指令了。编写好的样式属性应该是这样的：

```
style = "CSS-property: value;"
```

连字符　半角冒号　半角分号

编程术语

语法是决定编程语言的结构和拼写方式的一套规则。

你的浏览器已经内置了数百种可供你使用的CSS属性和值，你可以在你的HTML标签中使用它们来改变你的网页。

请仔细看看在分区标签中我们如何使用CSS。如果想要改变页面上某部分的背景颜色，我们可以这样来编写CSS和HTML：

样式属性　CSS属性　CSS值

```
<body>
  <div style = "background-color: green;">
   <p>芒克钻石被藏在一个山洞中。</p>
   <p>它被塞在一道石缝里。</p>
  </div>
</body>
```

看好了，我们要组合使用HTML和CSS来改变网页了。
芒克钻石
芒克钻石被藏在一个山洞中。
它被塞在一道石缝里。

注意到了吗？

CSS中的所有单词都用美式英语拼写。如果不使用美式英语，浏览器就不能理解你的CSS了。比如，你写英式英语的“colour”就不行，必须使用美式的“color”。

CSS背景色属性

现在你更熟悉CSS及其工作原理了，那就开始学习如何使用CSS属性来让页面变得更丰富多彩吧。贝尔斯通教授和戴博士的发现肯定是一个轰动世界的大新闻，因此我们的网页也要足够有趣，要能抓住大家的眼球。

你可以使用不同的分区标签来更改网页上不同区域的背景颜色。首先我们要在每个分区标签的开始标签<div>中添加样式属性，然后在样式属性里面写入属性名“background-color”（背景色），并选择一种颜色作为属性的值。就像这样：

```
<body>
  <p>失窃的芒克钻石被发现了！</p>
    <div style = "background-color: green;">
      <p>贝尔斯通教授、戴博士和欧内斯特在进行一次探险。<br/>
        他们在大山里获得一个惊人的发现。</p>
    </div>
    <div style = "background-color: cyan;">
      <p>在山洞中，欧内斯特突然大声吠叫并不停嗅着一块岩石。<br/>
        藏在石缝里的竟然是芒克钻石。</p>
    </div>
</body>
```

背景色属性

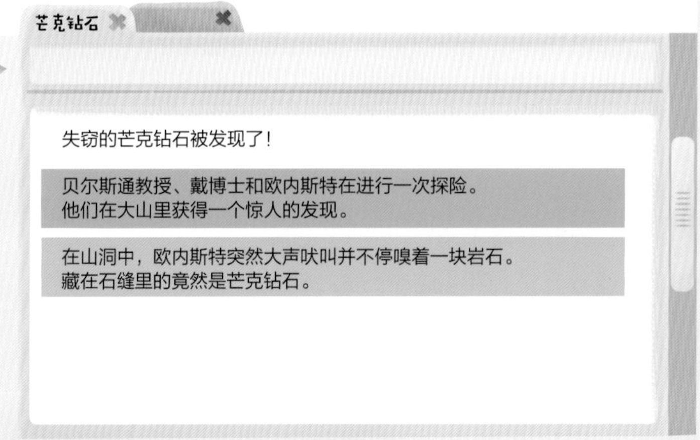
芒克钻石
失窃的芒克钻石被发现了！
贝尔斯通教授、戴博士和欧内斯特在进行一次探险。
他们在大山里获得一个惊人的发现。
在山洞中，欧内斯特突然大声吠叫并不停嗅着一块岩石。
藏在石缝里的竟然是芒克钻石。

这是一项非常值得学习的编码技能！

你知道吗？

你可以用一百多种颜色来作为CSS的值，请到下面的网站中查看更多颜色的名称：www.w3school.com.cn/cssref/css_colornames.asp。

用CSS改变元素尺寸

现在我们已经知道如何改变页面上文字的颜色，如何给HTML元素添加背景色，如何把它们放到不同位置。但是如果想制作一个真正精彩的网页，我们还需要知道如何改变HTML元素的大小。

CSS可以让我们轻松地改变元素的大小。我们要做的就是使用CSS宽度（width）和高度（height）属性，并把值设定为想要的尺寸。下面我们来看看如何使用这些属性创建一个方形的<div>标签：

高度属性　单位　宽度属性

```
<body>
   <div style = "background-color: plum; height: 200px; width: 200px;">
      <p>人们相信芒克钻石已经永远消失了。</p>
      <p>这桩盗窃案让沃尔科夫公司极为震惊。</p>
   </div>
</body>
```

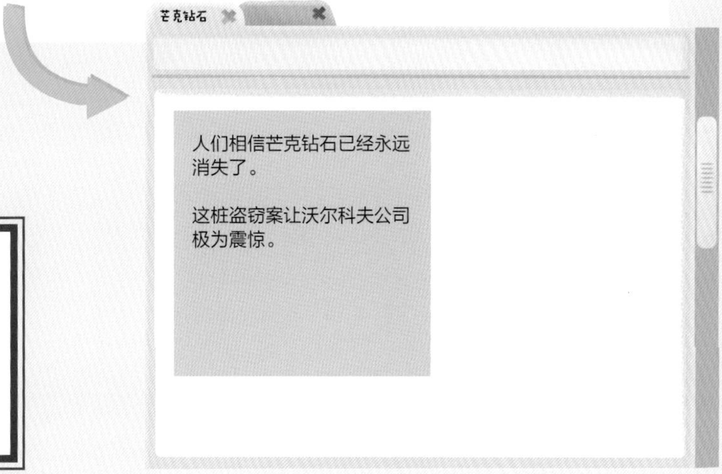

注意到了吗？

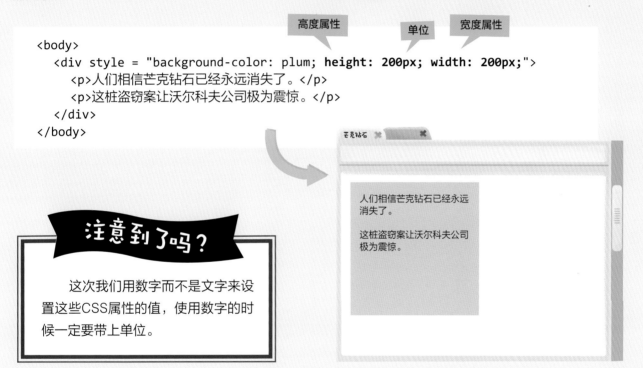

这次我们用数字而不是文字来设置这些CSS属性的值，使用数字的时候一定要带上单位。

CSS中的尺寸

CSS中有许多不同的单位用来表示尺寸大小。请确保你在数值后面写上了单位，这样浏览器才知道你到底想要多大的尺寸。右边列出了一些常用的单位：

单位类型

- 像素（px）
- 百分比（%）
- 磅（pt）

我们看看如何使用百分比来更改<div>标签的CSS宽度属性：

```
<body>
  <div style = "background-color: palegreen; height: 200px; width: 50%;">
    <p>警方对这个案件依然毫无头绪。</p>
    <p>他们没有找到任何有用的线索。</p>
  </div>
</body>
```

百分比的值

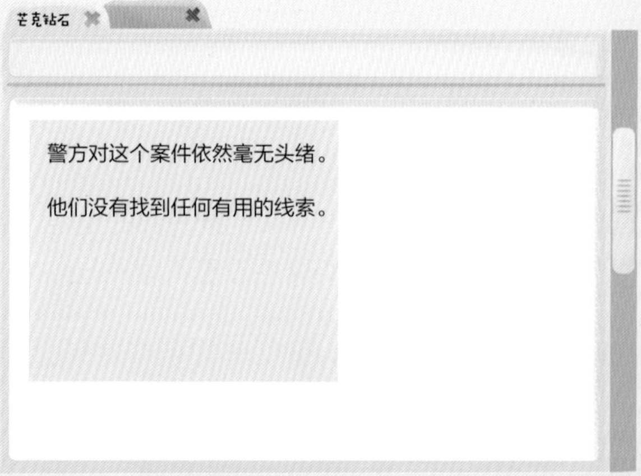

注意到了吗？

这里的百分比就是你希望HTML元素在屏幕上显示时所占页面尺寸的百分比。如果改变了浏览器的大小，那么元素的大小也会跟着改变。

作为尺寸单位，像素（px）和磅（pt）的使用方法与百分比相同，但你使用这两个单位时，即使你改变了浏览器的大小，HTML元素的大小也不会随之改变。下面我们以像素为单位来设置CSS背景色属性的高度和宽度，并以磅为单位来设置CSS字号属性。

像素值　像素值　磅值

```
<body>
  <div style = "background-color: gold; height: 200px; width: 350px; font-size: 20pt;">
    <p>邦德兄弟从来没有被抓住过。</p>
  </div>
</body>
```

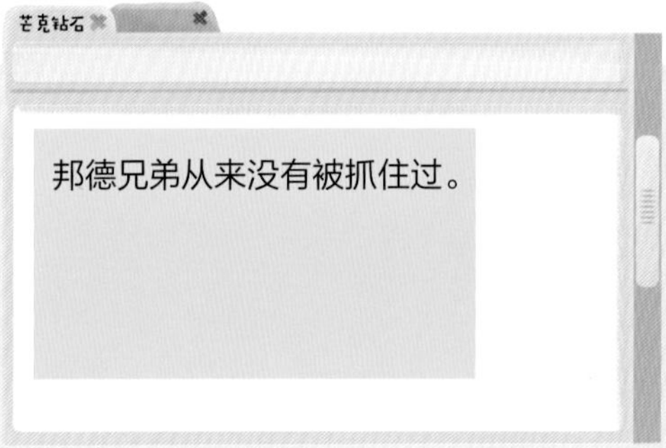

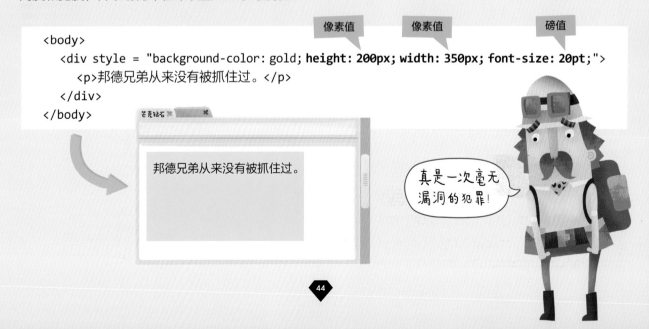

用CSS创建边框和空距

我们还可以用CSS属性来给HTML元素设置边框和周围空距。要给元素创建边框，就要用到CSS边框属性（border），并且给它设置边框宽度（即框线粗细）、样式和颜色的值。我们先来看这个例子：

边框属性　宽度　样式　颜色

```
<body>
  <div style = "border: 4px solid green; width: 50%; height: 100px;">
    贝尔斯通教授和戴博士为他们的发现感到非常兴奋。
  </div>
</body>
```

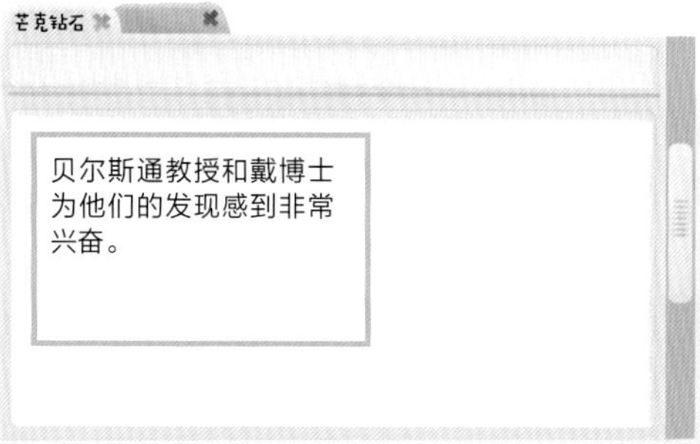
芒克钻石
贝尔斯通教授和戴博士为他们的发现感到非常兴奋。

我们还可以用内边距属性（padding）和外边距属性（margin）来改变HTML元素内部的空距。你可以为内边距属性和外边距属性设置不同的值，来改变HTML元素上（top）、下（bottom）、左（left）、右（right）的空距，请看示例：

内边距属性　外边距属性

```
<body>
  <div style = "padding: 25px; margin: 50px; border: 4px solid blue;
    width: 50%; height: 100px;">
    欧内斯特也为这个发现感到高兴。<br/>
    贝尔斯通教授额外奖赏了它一些狗粮。
  </div>
</body>
```

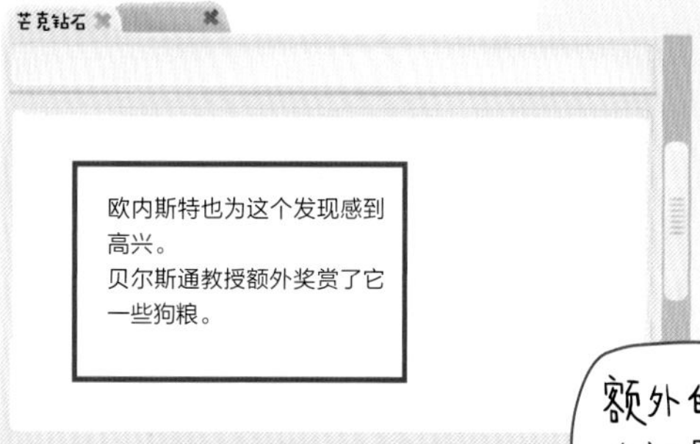
芒克钻石
欧内斯特也为这个发现感到高兴。
贝尔斯通教授额外奖赏了它一些狗粮。

这里的CSS内边距属性在<div>标签的边框与这个标签中的文字之间创建了25像素大小的空白间距，CSS外边距属性则在<div>标签的边框与页面的边界之间创建了50像素大小的空白间距。

注意到了吗？

这里边框样式的值都被设置成了实线（solid），实际上你也可以把它设置成点线（dotted）、虚线（dashed）或者双线（double）。

额外的零食就是美味！

编码技能 ► 使用多个CSS属性

你可以使用多个CSS属性来使贝尔斯通教授和戴博士的页面看起来更精彩。现在就开始在你的代码中使用多个CSS属性来设计和改变页面的布局吧。

1. 打开文本编辑程序，创建一个名为**CSS属性.html**的新HTML文件。将**CSS.html**中的代码复制并粘贴到新文件中，再做一些修改，让它含有3个<div>标签，就像这样：

```
<!DOCTYPE html>
<html>
<head>
  <title>芒克钻石</title>
</head>
<body>
  <div>
    为什么钻石会被藏在一个山洞里？<br/>
    是谁将它藏在那儿？
  </div>
  <div>
    是邦德兄弟吗？<br/>
    他们会不会监视着山洞？
  </div>
  <div>
    探险队安全吗？<br/>
    营地离那儿很远呢。
  </div>
</body>
</html>
```

我可不希望
我们遇到危险。

我们要保护
钻石的安全！

2. 改变第一个<div>标签中文字的颜色、大小和位置，这要用到CSS颜色（color）属性、字号（font-size）属性和文本对齐（text-align）属性。修改后的代码应该像这样：

```
<div style = "color: green; font-size: 18pt; text-align: center;">
  为什么钻石会被藏在一个山洞里？<br/>
  是谁将它藏在那儿？
</div>
```

3. 用CSS宽度（width）属性和高度（height）属性设置第二个<div>标签的宽度和高度，让这个标签宽度占整个页面的75%、高度有100像素。再给这个标签添加背景颜色并留出外边距。你的代码应该像这样：

```
<div style = "width: 75%; height: 100px; background-color: lightblue; margin: 20px;">
  是邦德兄弟吗？<br/>
  他们会不会监视着山洞？
</div>
```

4. 再试试把第三个<div>标签移动到页面上的其他地方。用CSS浮动（float）属性把这个标签移到页面的最右侧，然后用边框（border）属性和内边距（padding）属性给它添加边框和框内空距。代码如下：

```
<div style = "float: right; border: 6px dotted red; padding: 20px;">
  探险队安全吗？<br/>
  营地离那儿很远呢。
</div>
```

5. 保存这个HTML文件并在浏览器中打开它。现在你也可以尝试修改一些CSS属性的值，看看页面上会有什么变化。

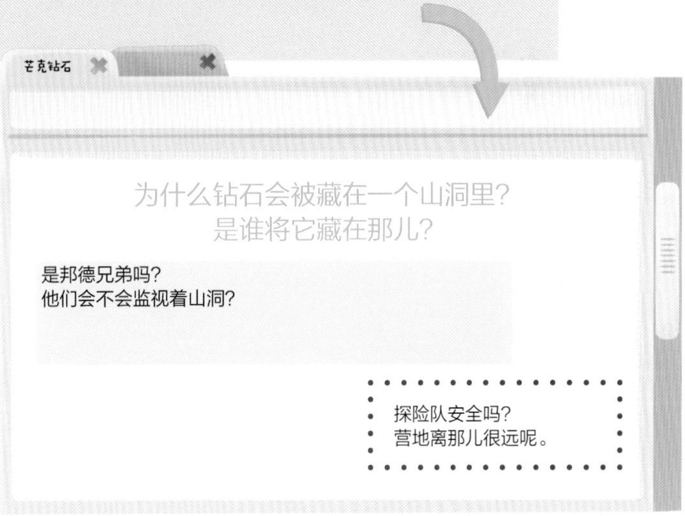

使用CSS类

你或许已经注意到，当我们在HTML标签中添加多个CSS属性时，代码就会变得很长很难阅读，而且，一遍又一遍地输入相同的CSS属性也很浪费时间。因此，为了节省时间，同时使代码看起来更简洁，我们就需要学习使用CSS类（class）。CSS类可以帮助你组织<body>标签内的CSS属性。

一个CSS类可以非常方便地把一组CSS属性应用于页面上的任何HTML元素。程序员会使用CSS类来让他们的代码看起来尽可能的简单，这在编程时非常重要，因为这能大大降低出错的可能性。比如说，你希望页面中的每个<div>标签都有相同的颜色和相同大小的文字，那么你只需要在一个地方使用CSS类就能改变整个页面的<div>标签了，而不必在每个<div>标签中重复输入这些CSS属性，要知道，输入得越多，越容易因为不小心而出错。

使用<head>标签

到目前为止，我们主要是在页面的<body>标签中编码，现在我们来仔细看看如何在<head>标签中编码。让我们回到任务开始时最早编写的那个网页：

```
<!DOCTYPE html>
<html>
<head>            <head>标签
   <title>发现芒克钻石</title>
</head>
<body>
   <p>贝尔斯通教授和戴博士发现了芒克钻石。</p>
</body>
</html>
```

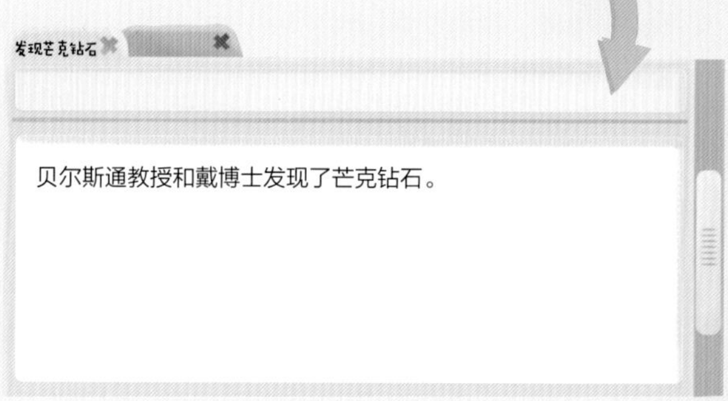

发现芒克钻石
贝尔斯通教授和戴博士发现了芒克钻石。

到目前为止，在我们创建的每一个页面中，<title>标签都嵌套在<head>标签内。当我们在浏览器中打开这个页面时，<title>标签之间的内容不会出现在页面主体上。

现在我们要把CSS类添加到<head>标签中，因为<head>标签最适合用来存放那些我们不希望在页面主体上显示的信息。

样式标签：<style>和</style>

当你创建一个CSS类时，需要告诉浏览器，你正从HTML切换到CSS。方法就是在<head>标签中嵌套使用样式标签<style>。样式标签的用法与你之前使用过的其他标签一样，唯一的区别就是你要在其中添加CSS属性。

一旦你开始输入<style>，就意味着你可以创建一个CSS类了。每个CSS类都要有名字，最好给它取一个与你要修改的元素相关的名字。我们来看看怎样创建一个用来修改文字外观的CSS类：

```
<head>
  <title>发现芒克钻石</title>
  <style>
    .text {
      text-align: center;
      font-size: 18pt;
      background-color: aqua;
    }
  </style>
</head>
```

样式标签　CSS类名　点　前大括号　CSS属性　后大括号

注意到了吗？

这里我们给CSS类取了一个英文名“text”，实际上你也可以取中文名，如“文字”，或者使用拼音，如“wenZi”。在下一个任务中学习id属性、变量和函数时，你也可以根据你的喜好，取英文、中文或拼音名字，运行结果不会有差别。

但是，从代码规范和代码风格来考虑，我们还是建议使用英文作为类名、id名、变量名和函数名。

这是一种写法和结构都完全不同的编码方式。CSS类都是从类名开始编写，你可以自己决定类名，但类名前面必须有一个点号(.)，类名后面也得有一对大括号({})。这对大括号告诉浏览器它要执行的指令从哪里开始、到哪里结束。在大括号内，你可以把想要应用于HTML元素的所有CSS属性放进去。与前面学到的一样，我们要用半角冒号（:）将属性与值隔开，并且在值的后面写上半角分号（;）。

在上面的例子中，我们创建了一个名叫“text”的CSS类。每次使用这个CSS类时，我们就能把CSS文本对齐、字号和背景色属性改为我们设定的值。

你知道吗？

键盘上的大括号（{}）在字母P键的右边，与方括号在同一个键上。你需要按住Shift键才能使用它们。

翻到下一页，看看怎么让CSS类在<body>标签内发挥作用。

使用类属性

要把一个CSS类应用于<body>标签内的一个HTML元素，非常简单，只需在我们想要修饰的HTML元素的开始标签中，添加CSS类的类名就行了。这次我们不使用样式属性了，而是使用新的类属性。类属性的编写方法和工作方式与我们之前使用的其他属性完全相同。下面我们来看看如何把CSS类应用于页面上的HTML元素：

```
<!DOCTYPE html>
<html>
<head>
  <title>发现芒克钻石</title>
  <style>
    .text {
      text-align: center;
      font-size: 18pt;
      background-color: aqua;
    }
  </style>
</head>
<body>
  <p class = "text">发现芒克钻石</p>
  <p>芒克钻石在西伯利亚的山区中被发现了。</p>
  <p class = "text">这个发现具有重大的国际意义。</p>
  <p>探险队本来是在寻找化石。</p>
  <p class = "text">而不是这颗世界闻名的宝石。</p>
</body>
</html>
```

CSS类

类属性

使用CSS类和类
属性是编写CSS
的最好方式。

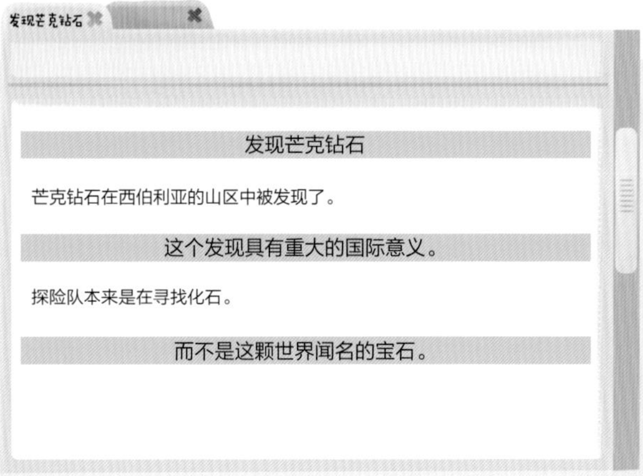
发现芒克钻石
发现芒克钻石
芒克钻石在西伯利亚的山区中被发现了。
这个发现具有重大的国际意义。
探险队本来是在寻找化石。
而不是这颗世界闻名的宝石。

在应用类属性时，我们把类名作为值赋给CSS类（class），并且不再输入点号（.）。而且，与编写其他属性的方法一样，我们使用了等号（=）和半角双引号（""）来完成赋值。你也看见了吧，使用CSS类和类属性来改变页面的布局有多么方便！

编码技能核对单✔

用CSS编程

- CSS都是由一个属性和一个值组成的。属性是指你想要改变什么，而值是指你想把它改成什么样。现在有数百种CSS属性和值可供你使用。
- 你要使用半角冒号（:）将属性与值隔开，并在值的后面输入一个半角分号（;）。属性名的单词之间要使用连字符（-）。
- CSS属性和值都要用美式英语拼写。
- 值可以用文字或数值来设置。数值的常用单位包括像素（px）、磅（pt）和百分比（%）。
- 你可以在一个HTML元素中应用多个CSS属性，最好的方法是使用CSS类和类属性。
- 你要使用样式标签<style>告诉浏览器你正从HTML切换到CSS。CSS类需要嵌套在<head>标签中。
- 编写CSS类名时，必须以一个点号（.）开头。你想要应用的CSS属性和值还需要写在大括号（{}）内。
- 你可以通过使用类属性来将CSS类应用于任意HTML元素。

这些是编写CSS时需要记住的要点！

贝尔斯通教授对你编写的网页越来越满意了！

编码技能 ► 使用CSS类和类属性

要用CSS来改变HTML元素，最简单有效的方法就是使用CSS类。下面我们来编写一些CSS类，并用类属性来改变网页的设计。

1. 打开文本编辑程序，创建一个名为**CSS类.html**的新HTML文件。将**CSS属性.html**中的代码复制并粘贴到新文件中。修改这个文件，把其中3个<div>标签改成这样：

```
<!DOCTYPE html>
<html>
<head>
  <title>芒克钻石</title>
</head>
<body>
  <div>
    芒克钻石<br/>
    一项不可思议的发现
  </div>
  <br/>
  <div>
    在西伯利亚的一次探险中失窃的钻石被发现了！
  </div>
  <br/>
  <div>
    贝尔斯通教授和戴博士在西伯利亚寻找化石。<br/>
    他们在一个偏僻的山洞中发现了失窃的钻石。
  </div>
</body>
</html>
```

2. 在<head>标签里添加一个样式标签<style>。你的代码看起来应该像这样：

```
<head>
  <title>芒克钻石</title>
  <style>
  </style>
</head>
```

3. 在样式标签的开始标签和结束标签之间创建一个名为header（前面说过，你也可以取你喜欢的中文或拼音名）的CSS类，在其中设置CSS背景色、内边距、文本对齐、字号、宽度和高度属性，并给属性赋值。你的代码看起来应该像这样：

```
<style>
  .header {
    background-color: deepskyblue;
    padding: 25px;
    text-align: center;
    font-size: 18pt;
    width: 100%;
    height: 25%;
  }
</style>
```

4. 用类属性将刚才创建的header CSS类应用于<body>里的第一个<div>标签。就像这样：

```
<div class = "header">
  芒克钻石<br/>
  一项不可思议的发现
</div>
```

5. 在样式标签中创建第二个CSS类，将它命名为title，并把它写在header CSS类的下面，然后给字号、文本对齐和颜色属性设置合适的值。你的代码看起来应该像这样：

```
.title {
  font-size: 14pt;
  text-align: center;
  color: green;
}
```

翻页继续

编码技能 ► 接上页

6. 把这个title CSS类应用于第二个<div>标签。你的代码看起来应该像这样：

```
<div class = "title">
  在西伯利亚的一次探险中失窃的钻石被发现了!
</div>
```

7. 在样式标签中创建第三个CSS类，将它命名为body，并把它写在title CSS类的下面，然后给它的外边距属性设置合适的值。就像这样：

```
.body {
  margin: 20px;
}
```

8. 把这个body CSS类应用于第三个<div>标签。你的代码看起来应该像这样：

```
<div class = "body">
  贝尔斯通教授和戴博士在西伯利亚寻找化石。<br/>
  他们在一个偏僻的山洞中发现了失窃的钻石。
</div>
```

9. 保存这个HTML文件并在浏览器中打开它，你会发现每个CSS类都改变了一个<div>标签的呈现效果。

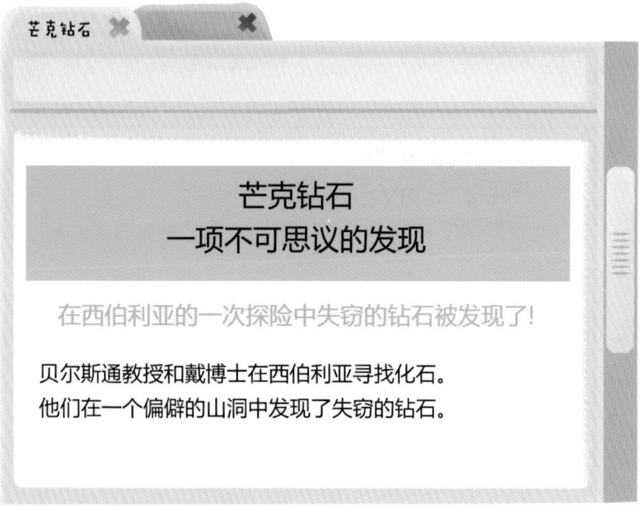

干得好！不过请记住是我最先发现了钻石。

多个CSS类

你如果想让你的CSS效率更高，那最好把你的CSS类分成几个CSS属性组。这样的话，在你设计和规划网页时，你就可以很方便地对HTML元素应用多个CSS类了。一次使用多个CSS类也非常容易，你要做的只是将不同的类名添加到类属性中。让我们来看看这个例子：

```
<!DOCTYPE html>
<html>
<head>
   <title>芒克钻石</title>
   <style>
      .header {
         background-color: lightgreen;
         width: 70%;
         height: 60px;
      }
      .text {
         text-align: center;
         font-size: 18pt;
      }
      .padding {
         padding: 25px;
      }
   </style>
</head>
<body>
   <div class = "header text padding">
      芒克钻石<br/>
      一项不可思议的发现
   </div>
</body>
</html>
```

这就是我们添加多个CSS类名到类属性中的方法

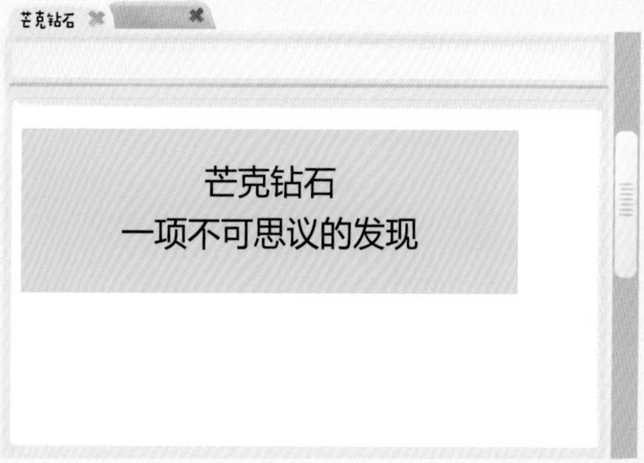

翻到下一页，看看更多关于元素选择器的知识。

用CSS类选择HTML元素

CSS类的另一个用途，就是可以改变一类HTML元素的CSS属性。要实现这样的操作，就需要用到元素选择器（element selector）了。要使用元素选择器，你只需要把CSS类命名为你想修饰的元素的名称就可以了，既不用在CSS类名前加上点号，也不用在<body>标签中编写类属性。

因此，如果你希望段落中的所有文字都居中并且大小都一样，那就可以创建一个名为“p”的CSS类，它能找到并选中你的所有<p>标签。下面我们来看看元素选择器的用法：

元素选择器

```
<!DOCTYPE html>
<html>
<head>
  <title>发现芒克钻石</title>
  <style>
    p {
      font-size: 16pt;
      text-align: center;
      background-color: lightblue;
    }
  </style>
</head>
<body>
  <p>贝尔斯通教授和戴博士发现了芒克钻石。</p>
  <p>欧内斯特让他们注意到钻石的藏身之处。</p>
  <p>它被藏在一道岩石缝里。</p>
</body>
</html>
```

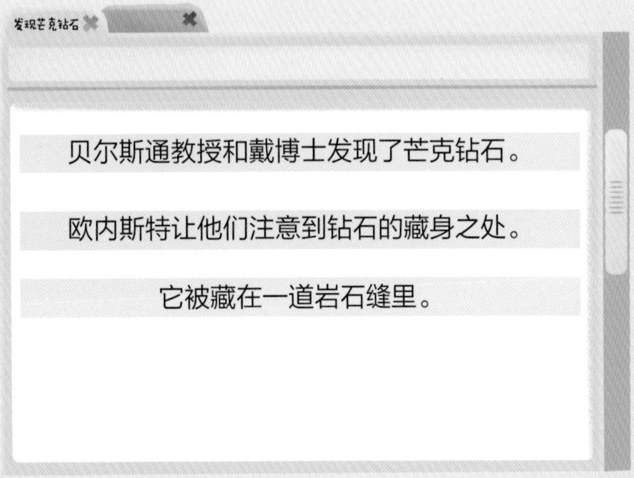

发现芒克钻石
贝尔斯通教授和戴博士发现了芒克钻石。
欧内斯特让他们注意到钻石的藏身之处。
它被藏在一道岩石缝里。

这就是我说的“智慧的编程”！

看到了吧，元素选择器改变了所有的段落，而我们并没有在段落标签<p>中添加相关的类属性。

任务1 DIY作业
创建一个网页

在任务1中，你学习了很多关于HTML和CSS的编码技能。现在，该你来运用这些新知识为贝尔斯通教授创建网页了。

“发现芒克钻石”网页简介

创建一个关于“发现芒克钻石”的网页。使用HTML和CSS添加文字和图像，并进行一些有趣的设计。网页中要包含以下元素：

- **大标题（header）栏**
- **小标题（title）栏**
- **关于芒克钻石的文字介绍**
- **探险队的图片**
- **钻石的图片**
- **芒克钻石档案**

保存你的文件到**编程**文件夹中，把它命名为**发现芒克钻石.html**。

下一页有完整的代码可供你参考。

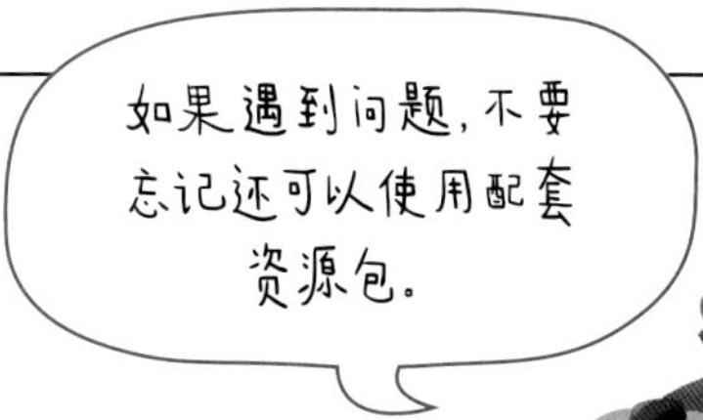

如果遇到问题，不要忘记还可以使用配套资源包。

```
<!DOCTYPE html>
<html>
<head>
  <title>芒克钻石</title>
  <style>
    body {
      background-color: beige;
      margin: 0px;
    }
    .pad {
      padding: 25px;
    }
    .header {
      background-color: lightblue;
      color: green;
      height: 90px;
      font-size: 60pt;
      text-align: center;
    }
    .title {
      background-color: plum;
      color: white;
      font-size: 25pt;
      text-align: center;
      height: 40px;
      margin: 0px;
    }
    .main-text {
      width: 60%;
      float: left;
    }
    .file {
      margin: 5px;
      width: 25%;
      float: left;
      background-color: white;
      border: 4px solid lightblue;
    }
  </style>
```

如果你使用了这些代码，你的网页看起来就是这样的。

```
</head>
<body>
  <div class = "header pad">
      发现芒克钻石
  </div>
  <div>
    <p class = "title">
      失窃的钻石在西伯利亚被发现了!
    </p>
  </div>
  <div class = "main-text pad">
    <p>
      贝尔斯通教授和戴博士有了一个重大发现。<br/>
      他们在西伯利亚的一个偏僻山洞里发现了芒克钻石。<br/>
      贝尔斯通教授的狗欧内斯特嗅出了钻石的踪迹。
    </p>
    <p>
      3年前，这颗钻石在沃尔科夫公司被盗。<br/>
      警方认为邦德兄弟具有重大作案嫌疑。<br/>
      探险队认为钻石是被盗贼藏在这里的。<br/>
      他们从营地发来了这张照片:
    </p>
    <img src = "团队.jpg" alt = "团队" style = "height: 150px;"/>
  </div>
  <div class = "file pad" align = "center">
    <img src = "钻石.jpg" alt = "钻石" style = "width: 150px;"/>
    <p style = "text-align: center;">芒克钻石</p>
  </div>
  <div class = "file pad" style = "text-align: center;">
    钻石档案<br/>
    重量: 300克拉<br/>
    色泽: 绿色<br/>
    价值: 超过1000万英镑
  </div>
</body>
</html>
```

编码技能展望

HTML和CSS是最基本的网页编程语言。现在你已经掌握它们了，你可以开始创建自己的网页了。学会HTML和CSS可以说是网页设计师职业生涯中伟大的第一步，现在你不用复制模板了，你可以创建自己的独特布局——这是一项奇妙的技能！恭喜你，任务完成！

任务 2

创建密码

- 学习使用超链接来链接网页
- 了解JavaScript是什么，如何工作
- 用JavaScript编写在浏览器中运行的程序
- 用JavaScript创建密码来保护网页的安全

任务简介

亲爱的程序员：

我是鲁比 · 戴博士，和贝尔斯通教授一起探险的科学家。我们本来希望能发现恐龙化石，结果发现的却是失窃的芒克钻石！

现在我想告诉您一件奇怪的事情。昨天我们在检查发现钻石的那个洞穴时，忽然我听到了轰隆一声巨响，欧内斯特立刻狂吠起来。我们一抬头，看到一块巨大的圆石正沿着山洞上面的悬崖滚落下来！我们赶紧跳开，石头正好砸在我们刚刚站立的地方。情急之下，贝尔斯通教授被绊倒，脚踝也扭伤了。

贝尔斯通教授和我都认为巨石出现的时机非常蹊跷。我们刚发现一颗被盗的珍贵钻石，就发生了这种事情，一切似乎太过巧合了。贝尔斯通教授断定，窃贼已经知道我们在探险并且试图吓跑我们，滚落的巨石就是他们使出的肮脏伎俩，而且这多半就是钻石盗窃案的嫌疑人邦德兄弟干的。

现在我们准备离开山区，把钻石带到安全的地方。但不幸的是，贝尔斯通教授扭伤的脚踝意味着他暂时不能悄悄下山。既然我们被困在山上了，我想关于发现钻石的消息最好还是保密。我担心您为贝尔斯通教授创建的网页可能会被邦德兄弟访问，那将使我们的安全受到威胁。因此，请问您能为网页设置密码吗，以便只有贝尔斯通教授和我可以查看？您可以使用“Ernest300”作为密码。

感谢您的帮助和辛勤工作。

从危险的山上送给您最好的祝福！

鲁比 · 戴博士

另外，贝尔斯通教授要我把“探险家百科”中的相关条目发给您。

探险家百科
每个冒险者的指南

主页
目录
重大发现
著名探险家
历史性探险事件

邦德兄弟

来自探险家百科——每个冒险者的指南

本条内容关于邦德兄弟。如需查看更多珠宝抢劫案信息，请参阅珠宝盗窃。

邦德兄弟是世界头号珠宝盗窃团伙。根据国际刑警公布的消息，在过去的15年里，该团伙盗走的珠宝总价值已经超过了5亿英镑。

邦德兄弟的作案手法与臭名昭著的“粉红豹”相似。他们通常瞄准世界各地的名贵

编码技能 ► 链接网页

我们来学习如何使用超链接将两个网页链接在一起，也就是创建一个简易的网站。

1. 打开文本编辑程序，创建一个名为**第1页.html**的新HTML文件，一定要把它保存在你的**编程**文件夹中。在新文件中输入这些代码：

```
<!DOCTYPE html>
<html>
<head>
   <title>第1页</title>
</head>
<body>
</body>
</html>
```

2. 创建第2个HTML文件，命名为**第2页.html**，也把它保存在**编程**文件夹中。然后将**第1页.html**中的代码复制并粘贴到**第2页.html**中，再把代码修改成这样：

```
<!DOCTYPE html>
<html>
<head>
   <title>第2页</title>
</head>
<body>
</body>
</html>
```

3. 现在创建一个超链接，把第2个页面链接到第1个页面上。首先在第1个页面中添加带有href属性的<a>标签，把href属性的值设为第2个页面的文件名。然后在锚标签的开始标签和结束标签之间添加一些文字，就像这样：

```
<body>
   <a href = "第2页.html">去往第2页</a>
</body>
```

4. 在第2个页面文件中，也创建一个超链接，让我们可以返回到第1个页面。就像这样：

```
<body>
   <a href = "第1页.html">返回第1页</a>
</body>
```

保存这两个文件并在浏览器中打开它们，你就可以通过链接切换访问这两个网页啦。

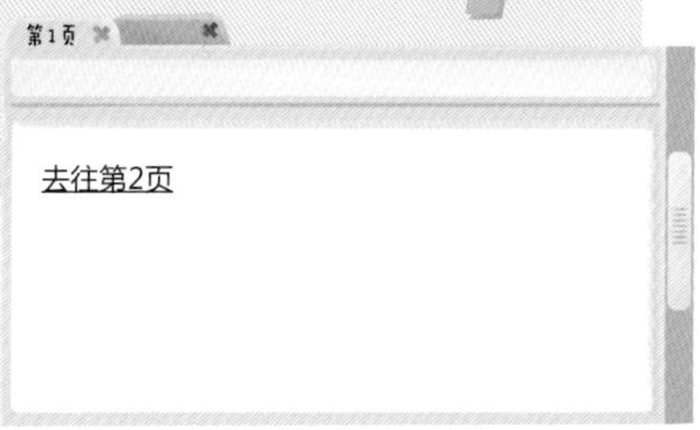

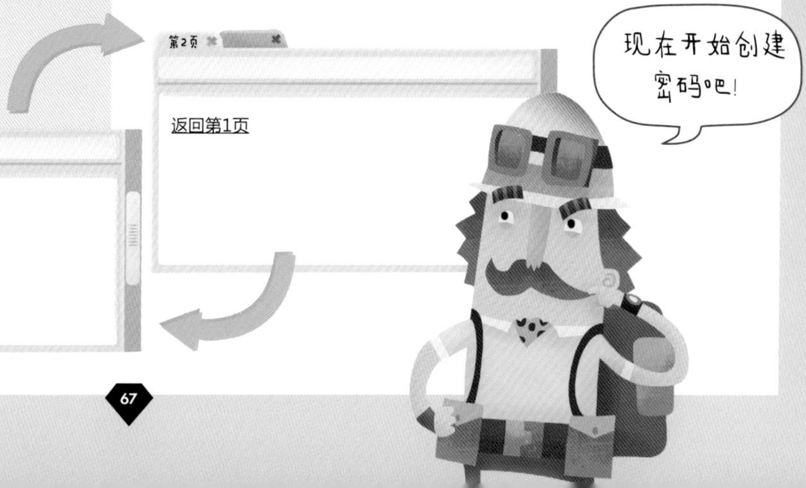

用JavaScript编程

在创建一个响应用户操作的网页时，运用超链接是非常重要的第一步。但如果我们想要编写出一个真正能与用户互动，并能根据用户操作而发生改变的页面，那就需要用到一种新的编程语言——JavaScript。

JavaScript是世界上最流行的编程语言之一，它可以让用HTML和CSS编写的网页具有互动性。我们需要用JavaScript来做一些有用的事情，比如制作按钮、警告或者存储信息。在这个任务中，我们将学习如何使用JavaScript与HTML来创建密码，以此保护芒克钻石的有关信息，防止它泄露给邦德兄弟团伙中的网络犯罪分子。

在任务1中我们已经知道，HTML文档是由不同元素组成的，我们可以使用属性来修饰这些元素。JavaScript也有自己的编程语法和规则，JavaScript语法是由一些代码片段组成的，它们被称为语句、变量、运算符和函数。我们接下来就要学习这些内容，了解如何使用它们来创建密码。

添加JavaScript到你的HTML页面中

在开始编写JavaScript之前，你需要告诉浏览器你要从HTML切换到JavaScript了，这需要使用脚本标签（<script>）来实现。如果你不把JavaScript代码放到脚本标签的开始标签和结束标签之间，JavaScript代码就不能运行。你可以根据需要在HTML文档中加入多个<script>标签，而且把它们放在<head>标签或<body>标签里都可以。

```
<!DOCTYPE html>
<html>
<head>
  <title>密码</title>
</head>
<body>
  <script>
  </script>
</body>
</html>
```

脚本标签

这里我们把脚本标签 <script> 放在页面的 <body> 标签里，有时我们把它叫作一个 <script> 块。

语句

当我们用JavaScript为浏览器写一条指令时，我们就把这种行为叫作写一条语句（statement）。JavaScript程序通常包含许多语句，语句一般以关键字开头，关键字会说明这条语句将执行什么操作，最后以半角分号（;）结尾。浏览器会按照语句写入时的顺序，一条接一条地执行这些语句。我们来看一些语句，当我们保存好右边的代码并在浏览器中打开时，就会出现这个：

```
<!DOCTYPE html>
<html>
<head>
  <title>密码</title>
</head>
<body>
  <script>
    alert("我们迫切需要一个密码!");
    alert("请用Ernest300作为密码");
  </script>
</body>
</html>
```

半角分号

语句

脚本标签的开始标签与结束标签之间的两条语句会按顺序运行，因此会先后弹出两个含有不同消息的警告框。警告（alert）其实是JavaScript中的一个函数，它早已内置在你的浏览器中，在后面的任务中我们还会继续学习它。

JavaScript对大小写十分敏感，所以你一定要使用正确的大小写字母，这很重要。如果你要用英文给一段JavaScript代码命名，那么单词之间不能留有空格。一个比较好的办法就是采用“**骆驼拼写法（camelCase）**”来写两个单词。

编程术语

在英语中，“**骆驼拼写法**”是把两个单词拼成一个词时惯用的写法，这种写法就是让第一个单词以小写字母开头，第二个单词以大写字母开头，但两个单词之间没有空格，看上去就像单峰骆驼的背一样。比如，sayHello 就采用了“骆驼拼写法”。

变量

变量（variable）是JavaScript的重要组成部分，它实际上是一种在浏览器中短时间存储信息的方法，让你可以利用存储的数据来构建程序，使得网页具有交互性。如果没有变量，浏览器就不能记住这些信息了。

所以当我们使用JavaScript来编写密码验证程序时，我们就需要使用一个变量来存储正确的密码数据。如果没有这个变量，浏览器就无法验证用户输入的密码是否正确。

变量以文字或数字的形式来存储数据。你必须以特定的方式来编写变量代码，你得告诉浏览器你正在创建一个变量，这就叫作“定义一个变量”。我们来看看如何创建一个存储欧内斯特名字的变量：

```
var dogName = "欧内斯特";
```

变量关键字　变量名　值

变量的编写方式都是一样的，代码中的每个部分都很重要，它们分别给浏览器提供不同的信息。

一个变量需要包含：

- **关键字**

  要定义一个变量，你必须使用变量关键字var，它告诉浏览器你正在创建一个变量。

- **变量名**

  第二个部分是变量名，你可以给变量起一个你喜欢的任何名字，唯一要遵守的规则就是名字中不能有空格（因此起英文名字时，请使用“骆驼拼写法”），并且不能以数字开头。

- **值**

  接下来，你要使用等号（=）给你的变量设定一个值，这叫作“赋值”。如果变量的值是文字，你就必须把值放在半角双引号（""）中。值的中间可以包含空格，但要记得在最后写上半角分号（;）。

运算符

运算符（operator）是JavaScript的另一个关键部分，它可以用来改变变量的值。不同类型的运算符对变量中的信息会起到不同的作用。

赋值运算符

你能找出使用了
“骆驼拼写法”
的地方吗？

赋值运算符可以让你设置变量的值。

等号（=）： 赋值运算符（=）用来给变量赋值。你可以把变量的值设为数字或词语。如果变量的值是一个数字，就不必用半角双引号（""）包起来。这里有一个变量值为数字的例子：

```
var teamMembers = 3;
```

赋值运算符

还有一个变量值为词语的例子，值必须包含在半角双引号（""）中：

```
var expeditionLeader = "贝尔斯通教授";
```

算术运算符

算术运算符让我们可以通过数学运算来改变变量的值，它是为变量创建数值的有效途径。

加号（+）： 加法运算符（+）用来将数字加在一起，创建出一个新的值。在这里采用这种方式，变量“campRations”的值就被设置为3了：

```
var campRations = 2 + 1;
```

加法运算符

减号（-）： 减法运算符（-）用来减去数字并创建出一个值。在这里采用这种方式，变量“dogBiscuits”的值就被设置为1了：

减法运算符

```
var dogBiscuits = 5 - 4;
```

请确保变量的末尾都
有一个半角分号。

不要忘记值为文字
的话，要用半角双
引号包起来。

编码技能 ► 使用变量和运算符

变量和运算符是JavaScript编程语言的重要组成部分。下面我们用它们来编写一些简单的JavaScript程序。

1. 在编写JavaScript之前，我们先要创建一个HTML文件，并在文件的<body>标签中写入脚本标签<script>。请打开文本编辑程序，创建一个名为**变量.html**的新HTML文件，将这些代码输入进去：

```
<!DOCTYPE html>
<html>
<head>
  <title>变量</title>
</head>
<body>
  <script>
  </script>
</body>
</html>
```

2. 现在尝试写一写JavaScript。在脚本标签的开始标签和结束标签之间创建一个变量，给变量命名，然后使用赋值运算符（=）设置变量的值。这次将值设为数字，你的代码看起来应该像这样：

```
<script>
  var diamondCarats = 300;
</script>
```

不要忘记JavaScript对大小写很敏感，如果你给变量起了一个英文名字，那在你的代码块中一定要保持大小写一致，另外不要忘了在末尾加上半角分号（;）。如果你现在就保存了这个HTML文件并在浏览器中打开，那什么都不会发生——但请不要着急，你已经把300这个值存储在“diamondCarats”这个变量中了。

3. 我们来使用警告函数检查你的变量是否已存储在浏览器中。在你的变量下面写入这行代码：

```
<script>
  var diamondCarats = 300;
  alert(diamondCarats);
</script>
```

我们这样做是在要求浏览器运行内置的警告函数。不管我们给变量“diamondCarats”设置了什么值，它都会显示在警告框中。

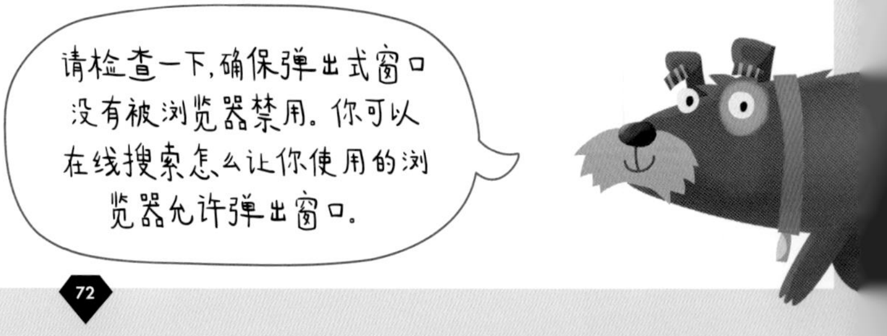

请检查一下，确保弹出式窗口没有被浏览器禁用。你可以在线搜索怎么让你使用的浏览器允许弹出窗口。

保存这个HTML文件然后刷新网页，网页上就会弹出警告，你会看到变量“diamond-Carats”的值就显示在警告框里。单击“确定”按钮，警告框就会消失。刷新网页时，警告框又会再次出现。

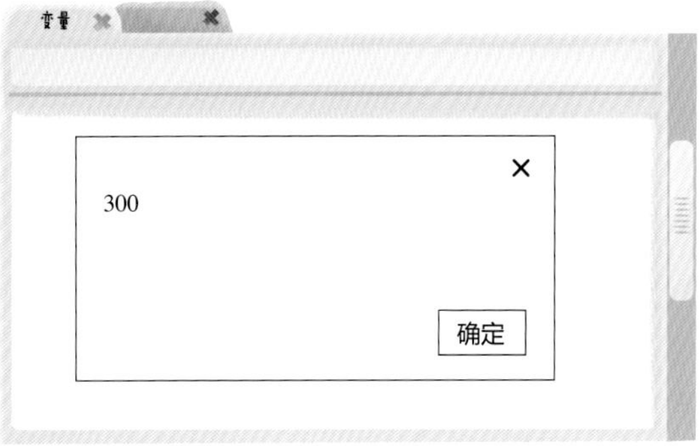

4. 现在我们使用加法运算符（+）来编写一个新变量，用它来算出探险团队中人和狗的总数。我们把这个变量命名为“teamMembers”，并使用警告来显示这个变量的值。修改<script>块的内容，让代码看起来像这样：

```
<script>
  var teamMembers = 2 + 1;
  alert(teamMembers);
</script>
```

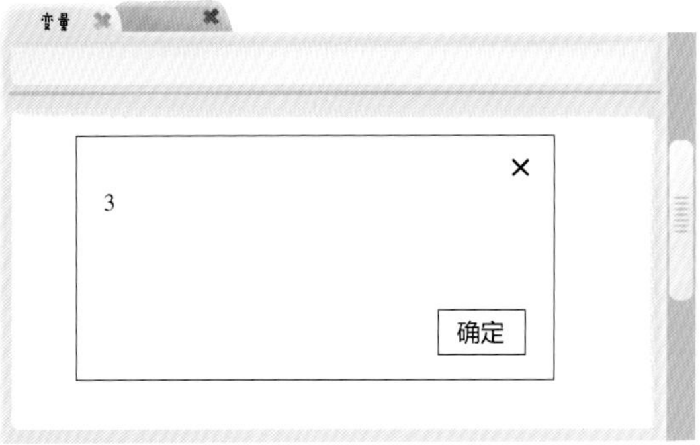

保存文件并刷新网页，警告框中就会显示变量“teamMembers”的值。再单击“确定”按钮。

5. 最后，我们来试试使用赋值运算符（=）创建一个变量，在其中存储文字。不要忘记用半角双引号（""）把文字包起来。同时使用警告来显示变量的值。将文件中的代码修改成这样：

```
<script>
  var jewelThieves = "邦德兄弟";
  alert(jewelThieves);
</script>
```

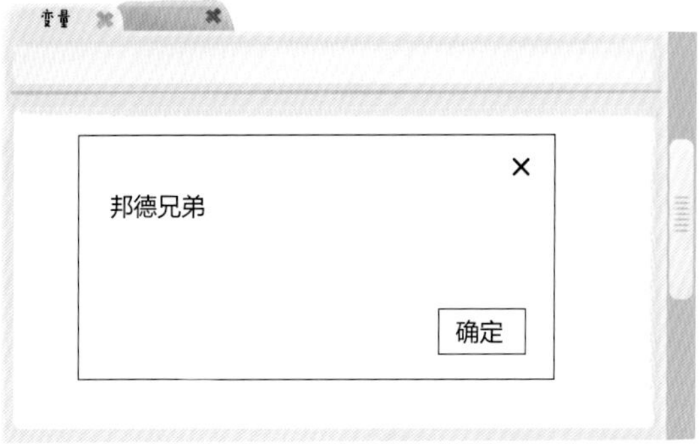

保存文件并刷新网页，你会看到文字显示在警告框中。

干得漂亮！你已经写出你的第一个JavaScript程序了。

比较运算符

运算符不仅可以用来赋值或执行数学运算，也可以用来比较变量的值。如果能比较变量的值，那我们就能与网页进行更多的互动。使用比较运算符，我们就能写出根据变量的值做出不同响应的程序。这里列出了常用的比较运算符：

在JavaScript语句中，这些运算符被用来比较变量的值与指定条件的关系，然后我们可以编写出根据比较结果而执行不同操作的代码。使用比较运算符编写的指令主要有if语句和else语句，这种类型的语句都叫作条件语句，因为它们会根据变量的值是否满足条件而做出不同反应。

运算符	含义
==	等于
!=	不等于
>	大于
<	小于
>=	大于或等于
<=	小于或等于

if语句

if语句告诉浏览器，只有当变量的条件成立（为真）时才执行指令；如果变量的条件不成立（为假），浏览器就不会执行指令。

同样，我们要按照规定格式来构造if语句。我们要用关键字if开头，紧接着写出一对半角括号（()），在其中写下if语句的条件。然后再写一对大括号（{}），在其中写出只有当if语句为真时才执行的指令。

下面来看一个例子，我们使用等于运算符（==）来创建一个if语句。这里我们先使用赋值运算符（=）将变量“person”的值设置为“戴博士”，然后再创建一个if语句，要求浏览器检查变量“person”的值是否等于（==）“戴博士”。如果这个条件成立，浏览器就弹出一个警告。

```
<script>
  var person = "戴博士";
  if(person == "戴博士") {
    alert("戴博士你好！");
  }
</script>
```

等于运算符

大括号

if语句

警告

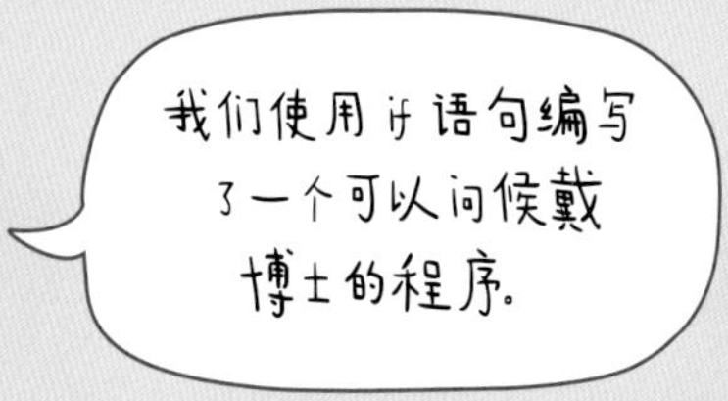
我们使用if语句编写了一个可以问候戴博士的程序。

现在，如果我们将变量“person”的值改一下，不再是“戴博士”，那什么都不会发生。这是因为if语句为假，浏览器就不会运行大括号内的代码，也就不会弹出警告了。

```
<script>
  var person = "欧内斯特";
  if(person == "戴博士") {
    alert("戴博士你好！");
  }
</script>
```

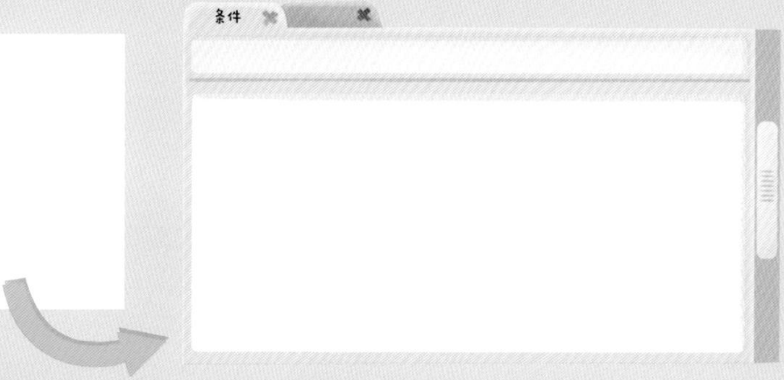

你也可以用左边表格里的其他比较运算符来检查不同的条件，比如检查变量是否不等于（!=）某个值，或者使用大于（>）或小于（<）运算符来检查一个数是否大于或小于另一个数。我们再来看一个例子，使用大于运算符（>）来创建一个if语句：

大于运算符

```
<script>
  var diamondCarats = 300;
  if(diamondCarats > 299) {
    alert("贵重钻石提醒！");
  }
</script>
```

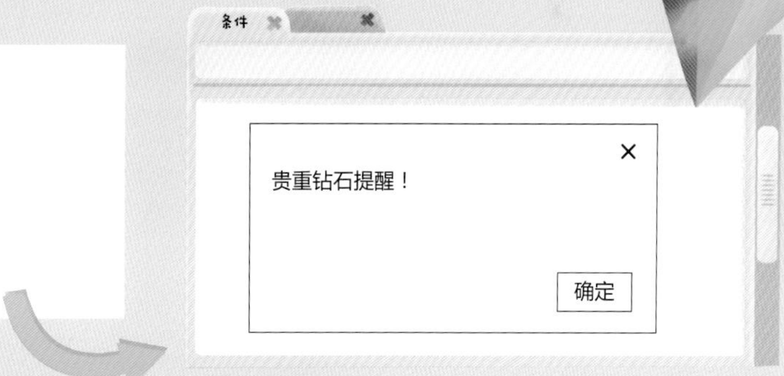

这里我们把变量的值设为300，然后创建了一个if语句，要求浏览器检查变量“diamondCarats”的值是否大于（>）299，并在条件成立时弹出警告。芒克钻石重300克拉，所以浏览器会弹出警告。

请注意，后大括号(})是与关键字if对齐的。

编码技能 ► 编写if语句

在JavaScript中使用if语句编码，意味着你可以创建更复杂的程序，这些程序能根据变量的值而执行不同操作。下面我们来创建一个使用if语句的程序。

1. 打开文本编辑程序，创建一个名为**if语句.html**的新HTML文件。在新文件中输入如下代码：

```
<!DOCTYPE html>
<html>
<head>
  <title>条件</title>
</head>
<body>
  <script>
  </script>
</body>
```

2. 使用等于运算符（==）创建一个if语句。如果变量满足这个条件，则弹出一个警告框。先在<script>标签内创建一个名为“dogName”的变量，然后编写你的if语句和警告。别忘记把if语句的条件写在半角括号中，把弹出警告的指令写在大括号中。你的代码看起来应该像这样：

```
<script>
  var dogName = "欧内斯特";
  if(dogName == "欧内斯特") {
    alert("你发现了芒克钻石！");
  }
</script>
```

3. 保存这个HTML文件并在浏览器中打开，一个警告就会弹出来。

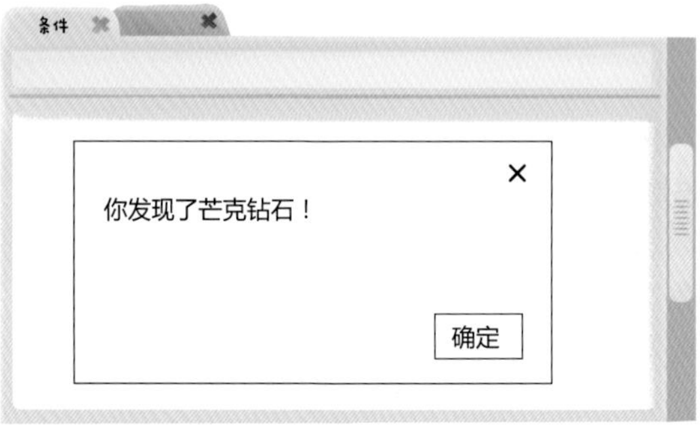
条件
你发现了芒克钻石！
确定

当然是我发现了钻石！那里根本就不是一个藏东西的好地方。

4. 如果你把变量“dogName”的值改成了你自己的名字，那if语句中的条件就不成立了。再保存文件并刷新页面时，就不会有警告弹出了。

else语句

else语句要与if语句一起使用，它们能让网页变得更具交互性。在if语句后使用else语句，就可以让浏览器选择其中一段代码来运行。如果浏览器发现if语句为假，那它就会选择else语句中的指令来运行。

else语句的写法与if语句完全相同——只要把关键字写成else，然后把你想要运行的代码放在大括号（{}）中。我们来看一个同时使用了if语句和else语句的例子：

```
<script>
  var name = "闪亮托尼";
  if(name == "戴博士") {
    alert("允许访问！");
  }
  else {
    alert("拒绝访问！");
  }
</script>
```

else语句

如果我们在浏览器中运行这段代码，一个警告就会弹出来。变量“name”的值是邦德兄弟中一个成员的名字，而不是等于（==）戴博士，所以if语句的条件不成立，浏览器就会运行else语句中的指令。但是如果变量的值等于（==）戴博士，那if语句的条件就成立了，浏览器就不会运行else语句中的指令，而是运行if语句中的指令，这样的话就会弹出“允许访问！”的警告。

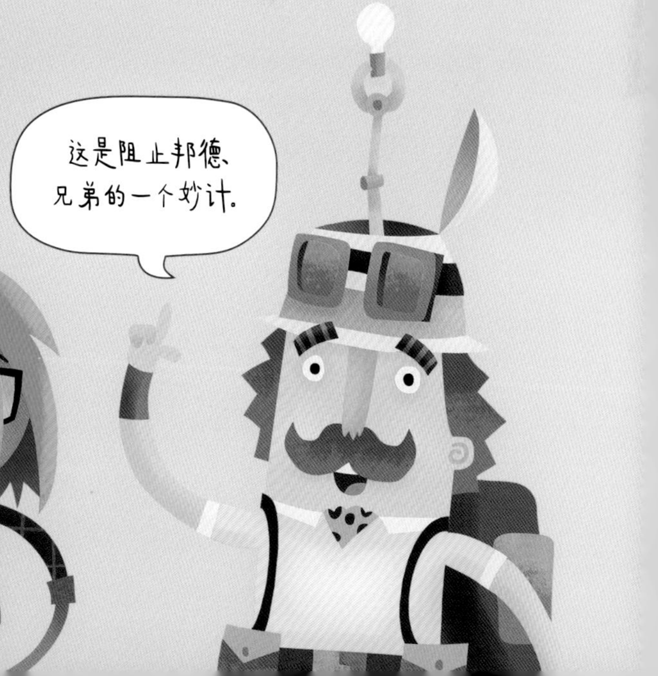

这是阻止邦德兄弟的一个妙计。

嗯哼！我怎样才能查到他们有没有拿到钻石呢？

编码技能 ► 编写else语句

现在我们来学习如何在JavaScript代码中同时使用if语句和else语句。下面我们来编写一段同时使用这两种条件语句的程序。

1. 打开文本编辑程序，创建一个名为**else语句.html**的新HTML文件，然后将**if语句.html**中的代码复制并粘贴过来。再修改成这样：

```
<!DOCTYPE html>
<html>
<head>
  <title>条件</title>
</head>
<body>
  <script>
  </script>
</body>
```

2. 用小于或等于运算符（<=）在<script>标签中创建一个新的if语句，并且让if语句的条件不成立。你的代码看起来应该像这样：

```
<script>
  var diamondValue = 1000;
  if(diamondValue <= 999) {
    alert("价值：不到1000万英镑！");
  }
</script>
```

3. 在if语句之后添加一个else语句，当if语句的条件不成立时，这个else语句就会运行。你的代码看起来应该像这样：

```
<script>
  var diamondValue = 1000;
  if(diamondValue <= 999) {
    alert("价值：不到1000万英镑！");
  }
  else {
    alert("价值：超过1000万英镑！");
  }
</script>
```

4. 保存这个HTML文件并在浏览器中打开。你会发现浏览器执行了else语句中的指令，弹出了对应的警告框。

编码技能核对单✓

编写JavaScript

- JavaScript要写在脚本标签<script>内，这样浏览器才知道你要从HTML切换到新的编程语言了。脚本标签可以放在<head>或<body>标签中。
- 与HTML和CSS一样，JavaScript需要用特殊的格式编写，并且有它自己的语法。它还是一种对大小写敏感的编程语言，编写时请注意区分大小写。
- 在JavaScript中，给浏览器写的每条指令都叫作一条语句。语句必须以半角分号（;）结尾，并放在大括号（{}）中组合在一起，形成一个代码块，浏览器会执行整个代码块。
- 语句通常以一个关键字开头，关键字说明这条语句将执行什么操作。
- 变量可以用来在浏览器中存储信息，它有一个名称和一个值，值可以是文字或数字。如果值是文字，必须用半角双引号（""）包起来。如果你打算给变量起一个英文名字，并且由两个单词组成，那请使用“骆驼拼写法”。
- 想要更改或设置变量的值，你可以使用赋值运算符、算术运算符和比较运算符。
- if语句和else语句都是条件语句。使用条件语句，我们就能让程序根据变量的值是否满足条件而做出不同的反应。

JavaScript 能帮助我们制作出可以响应用户操作的交互式页面。

函数

学习用JavaScript编程时，还有一个重要部分就是学会创建和使用函数（function）。将JavaScript语句集合在一起，就能创建出一个函数，函数中的语句组合共同执行一个特定的动作。函数不会自动运行，你得告诉浏览器去运行它，这个过程就叫作“调用函数”。我们来看看如何创建一个能弹出警告的函数，然后调用它：

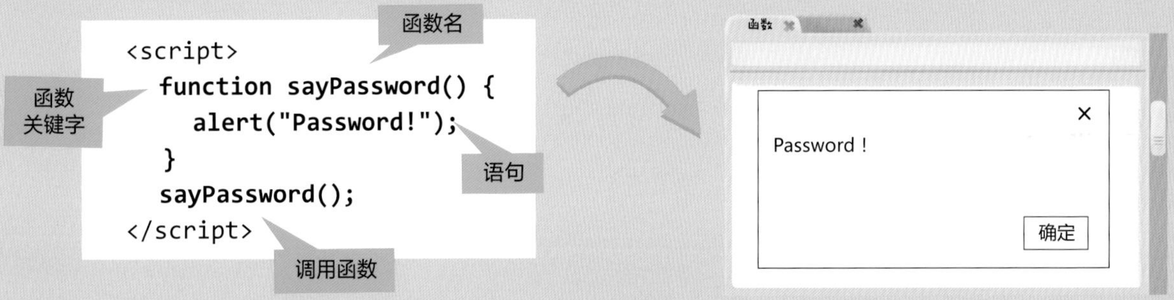

所有函数的编写方式都是一样的，代码中的每个部分都是发送给浏览器的重要指令。

一个函数需要包含：

- **函数关键字**
  要定义和创建一个函数，你就得使用函数关键字function。
- **函数名**
  你还要给函数命名（最好使用英文或拼音，虽然通常情况下使用汉字也可以运行），名称最好尽量简短，并且能解释这个函数能执行的操作。接着写上一对半角括号作为结尾。
- **大括号**
  在函数名后写下一对大括号（{}），你想要组合在这个函数中的所有语句都要放在这对大括号里面。
- **语句**
  语句构成了函数的主体，你可以根据需要写出任意多条语句。每次你调用这个函数时，浏览器都会运行函数中的这个代码块。
- **调用函数**
  要调用函数并运行其中的代码块，你就必须输入函数的名称（包括结尾的一对半角括号），后面再跟一个半角分号。编写好函数后，你就可以在脚本标签<script>内的任何地方调用函数了。

内置函数

你既可以将语句组合在一起来创建自己的函数，也可以使用已经内置在浏览器中的函数。内置函数就是浏览器自己已经知道该如何执行的操作，不再需要你在函数中写任何代码。某个程序员已经帮你做好了大量的工作，你要做的就是告诉浏览器你想运行哪个内置函数，并把内置函数的名称提供给它。

JavaScript中有许多内置函数，在这个任务中你就用过其中一个：警告函数。使用警告函数时，你只用输入“alert”，浏览器就会弹出一个警告框。所以说，在你编程时，内置函数可以帮你节省很多时间，让你集中精力去做更复杂的事情。

函数与参数

要让函数执行一个任务，有时你得给它一点信息，让它可以遵照运行。我们把信息放到一个函数中，就叫作向函数传递一个**实参**（argument，全称实际参数）。比如每次使用警告函数时，你都会向函数传递一个实参。我们来看一下实参是什么样子的：

实参

函数

```
alert("拒绝访问！");
```

函数名后括号中的信息就是我们所说的实参。有了这个实参，浏览器才知道要在警告框中显示什么内容。如果没有实参，警告函数就不会运行了。

实参的形式可以是文字、数字或变量（但在调用函数时，变量必须有确定的值）。如果你用文字来作实参，就需要用半角双引号（""）把文字包起来。如果你打算使用变量作为实参，那就可以直接使用该变量的名称而不需用双引号包起来，就像这样：

```
var bondBrothers = "危险的珠宝窃贼！";
alert(bondBrothers);
```

用变量作实参

你可以向任何类型的函数传递实参。也许你想知道为什么给函数命名和调用函数时都用到了一对半角括号，那就是因为有了括号，你才能向函数传递实参呀！翻到下一页，看看接下来该怎么做。

```
<script>
  function sayHello(name) {
    alert("你好" + name);
  }
  sayHello("戴博士! ");
</script>
```

添加给函数的参数

调用函数

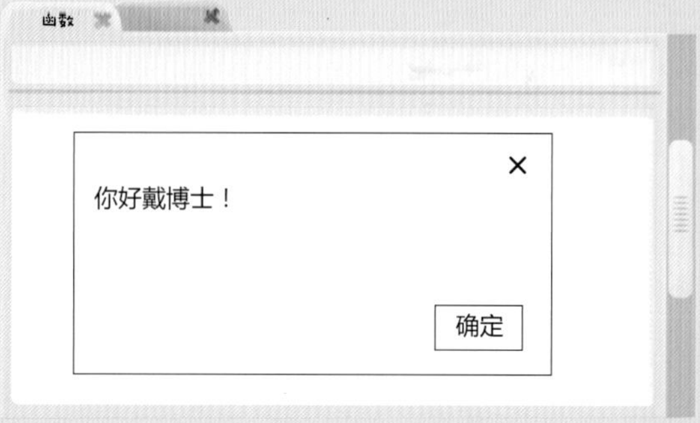
函数
你好戴博士！
确定

在上面的代码中，我们创建了一个会弹出警告的函数，实现的方法是向函数中添加一个参数。请注意，这种在创建函数时使用的参数叫作形参（parameter，全称形式参数，用于接收调用函数时传入的实参）。然后我们编写了一个警告，告诉浏览器要在其中显示固定的文字“你好”并加上刚才写的形参。之后调用函数时，我们把这个形参的值（也就是实参）写在函数里，这样浏览器就知道要在警告框中加上什么名字了。

return语句

到目前为止，我们一直在用参数来向函数传递信息，其实我们也可以让函数将信息以值的形式返回给我们。当函数返回信息时，我们称它提供了返回值。要使一个函数返回信息，我们就要在其中使用return语句。return语句中的值可以是文字、数字或变量，并且这个值会变成函数的值。我们来看看如何使用return语句返回一些文字：

```
<script>
  function getName() {
    return "鲁比·戴";
  }
  var scientist = getName();
  alert(scientist);
</script>
```

函数名

return语句

返回值

函数
鲁比 · 戴
确定

函数经常是先执行一个操作，然后将结果返回给其余的代码。

在这个例子中，我们创建了一个名为“getName”的函数。我们希望这个函数把戴博士的名字作为值返回给我们，所以我们使用了一个return语句，并将它的值设置为戴博士的名字，然后我们把函数名存储为变量“scientist”的值。最后，警告弹出变量的值时，显示的就是返回值。

编码技能 ► 函数和参数

让我们试试组合一些语句来创建一个函数。当然也要尝试使用return语句，因为在为戴博士创建密码时，return语句非常有用。

1. 打开文本编辑程序，创建一个名为**函数.html**的新HTML文件。在新文件中输入如下代码：

```
<!DOCTYPE html>
<html>
<head>
  <title>函数</title>
</head>
<body>
  <script>
  </script>
</body>
</html>
```

2. 在<script>块里面创建一个名为“checkAccess”的函数，当你调用它时它能弹出一个警告。你的代码看起来应该像这样：

```
<script>
  function checkAccess() {
    alert("限制访问!");
  }
  checkAccess();
</script>
```

3. 保存这个HTML文件并在浏览器中打开它，一个警告框就会弹出来。

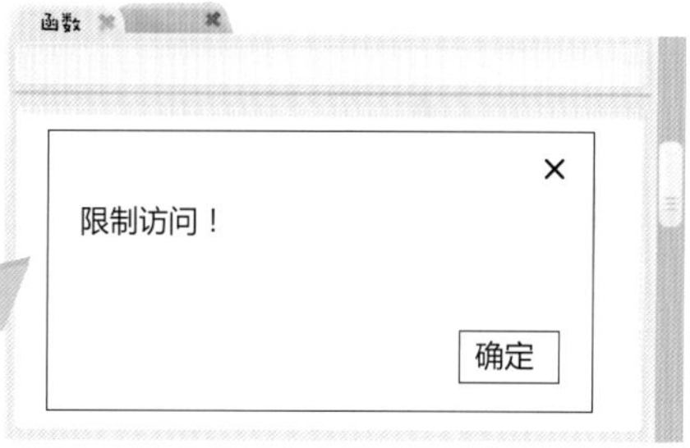

4. 现在修改函数“checkAccess”，让它包含一个return语句。把你的函数名存入一个变量中，然后弹出一个警告来显示这个变量的值：

```
<script>
  function checkAccess() {
    return "仅限探险队成员！";
  }
  var webPage = checkAccess();
  alert(webPage);
</script>
```

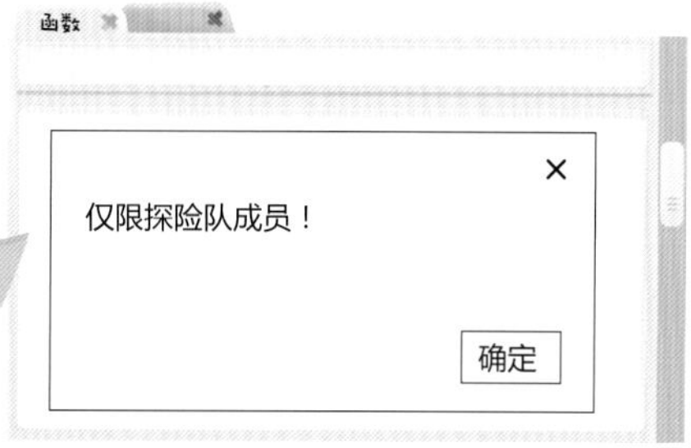

保存这个文件并刷新你的网页，一个新的警告将会弹出来。

让JavaScript与HTML一起运行

在这个任务中，我们学习了如何将JavaScript添加到HTML网页中，方法就是把它写在脚本标签<script>内。但现在，我们还需要学习如何让JavaScript代码在用户点击HTML元素时运行起来。如果我们希望用户点击网页上的一块文字或一张图像后，网页就发生一些变化，那么我们就要把JavaScript添加到HTML标签中。正巧，有一种属性可以帮助我们做到这些。

单击属性

想让一段JavaScript代码在用户点击网页上的HTML元素时运行起来，其实非常容易！你想让某个HTML标签具有互动性，那你要做的就是在这个标签中加入单击（onclick）属性。这样的话，用户在浏览器中点击这个HTML元素时，JavaScript代码就会运行起来。

单击属性的编写方法与我们目前使用过的其他属性一样，你需要把它添加到你希望用户点击的HTML元素的开始标签里，然后用等号（=）和半角双引号（""）将单击属性的值设置为你想运行的JavaScrip代码，不要忘记结尾要加上半角分号（;）。你可以在单击属性中写入你想运行的任何JavaScript代码。请看下面的示例：

```
<!DOCTYPE html>
<html>
<head>
  <title>钻石颜色</title>
</head>
<body>
  <p onclick = "alert('绿色');">
    点击此处了解芒克钻石的颜色
  </p>
</body>
</html>
```

单击属性

将值设为JavaScript代码

当用户点击开始标签<p>与结束标签</p>之间的文字时，单击属性中的JavaScript函数就会运行，一个警告将会弹出来。

注意到了吗？

我们将参数传递给警告函数时，使用了半角单引号（''）来将参数包起来。这是因为，我们已经使用双引号来设置单击属性的值了。在双引号内再次使用引号的话，一定要使用单引号，否则代码就不会运行了。

在return语句中使用true和false

你还可以使用单击属性来阻止浏览器执行代码中的指令。方法就是在单击属性中使用return语句，并将它的值设置为“false”。

return是JavaScript中的一个**保留字**。如果你使用return语句，并将它的返回值设置为“true”（真），那么浏览器将继续运行代码；如果你使用“false”（假）作为return语句中的值，浏览器就会立即停止运行代码。

讨厌的邦德兄弟恐怕就在附近……
请尽快设置好密码！

编程术语

保留字不能用来作为函数名或变量名，因为它们是浏览器可以直接理解的特殊命令。它们也不需要放在半角双引号（""）中。

单击属性和超链接

使用单击属性和返回值“false”能创建出非常有用的JavaScript程序。当用户点击超链接时，你可以用单击属性和return语句来阻止超链接运行。在后面我们创建密码时，这一点非常有用：如果用户输入了错误的密码，他就无法打开发现芒克钻石的网页。

想要达到这个目的，你先要按照之前学过的方式，用锚标签<a>和href属性来创建超链接，就像这样：

```
<body>
  <a href = "发现芒克钻石.html">
    点击此处访问芒克钻石网页
  </a>
</body>
```

然后添加单击属性和return语句，并将return语句中的值设置为“false”，就像这样：

单击属性　值为false

```
<body>
  <a href = "发现芒克钻石.html" onclick = "return false;">
    点击此处访问芒克钻石网页
  </a>
</body>
```

return语句

使用“false”作为单击属性的值，就意味着用户点击超链接时什么都不会发生。

编码技能 ► 用HTML代码来运行JavaScript

练习用HTML的单击属性来运行一段JavaScript代码。学会了这项技能，你就可以让HTML元素响应用户的操作了。

1. 打开文本编辑程序，创建一个名为**单击.html**的新HTML文件。在新文件中输入如下代码：

```
<!DOCTYPE html>
<html>
<head>
  <title>单击</title>
</head>
<body>
</body>
</html>
```

2. 在<body>标签中创建一个能让用户链接到百度的超链接。使用锚标签<a>和href属性，将href属性的值设置为百度主页的网址。你的代码看起来应该像这样：

```
<body>
  <a href = "https://www.baidu.com">
    百度
  </a>
</body>
```

3. 现在，添加单击属性到锚标签的开始标签<a>中，将单击属性的值设为JavaScript警告。记住要用半角单引号（''）将警告的参数包起来，就像这样：

```
<a href = "https://www.baidu.com" onclick = "alert('转到百度');">
  百度
</a>
```

4. 保存这个HTML文件并在浏览器中打开它。当你点击网页上的超链接时，一个警告就会弹出来。再点击“确定”按钮，网页就会跳转到百度主页。

5. 下面我们来阻止超链接链接到百度主页。在单击属性中使用return语句，就像这样：

```
href = "https://www.baidu.com" onclick = "return false;">
  百度
</a>
```

再保存文件并刷新网页。你再点击网页上的超链接时，网页就不会跳转到百度主页了。

创建密码网页

现在你已经知道怎么用单击属性来让HTML元素更具互动性，那就开始为戴博士创建密码网页吧。我们先从HTML页面的基本结构开始：

不要忘了我们的密码是
“Ernest300”！

```
<!DOCTYPE html>
<html>
<head>
  <title>密码</title>
  <style>
    body {
      background-color: lightblue;
      padding: 30px;
    }
  </style>
</head>
<body>
  <p style = "font-size: 30pt;">发现芒克钻石</p>
  <p>请输入密码后浏览该网站。</p>
  <p>密码：</p>
  <a href = "发现芒克钻石.html">
    点击此处提交密码，即可浏览网站
  </a>
</body>
</html>
```

CSS类

超链接

这里我们用HTML和CSS创建了一个简单的网页，并在网页中设置了一个超链接，链接到我们的“发现芒克钻石”网页。但这个页面上并没有能让用户输入密码的地方，因此我们需要创建一个输入框来让用户输入密码。

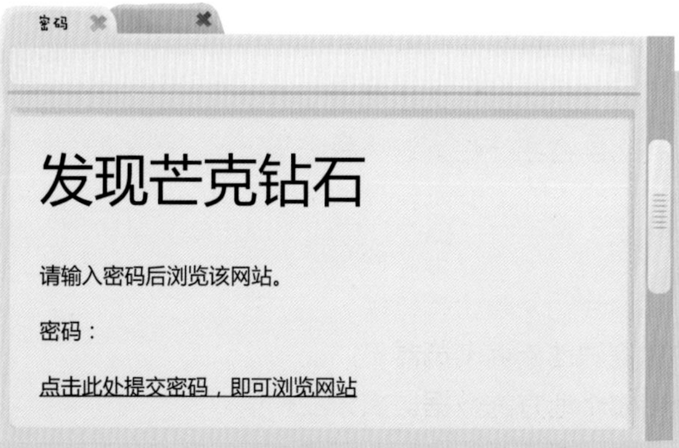

密码
发现芒克钻石
请输入密码后浏览该网站。
密码：
点击此处提交密码，即可浏览网站

输入标签：<input/>

网站上经常需要你输入一些信息，比如登录网上账户、购买电影票或者使用搜索引擎。因此，要求用户输入信息也是编程时常见的做法，我们把这叫作“请求用户输入”。

有多种标签可以用来请求用户输入，但用得最多的一种是输入标签<input/>，它很适合用来在页面上创建输入框，这样用户就可以在框内输入数据了。它还是一个自动结束标签，你要在其中设置两个属性：id属性和type属性。就像你已经知道的那样，我们要用等号（=）和半角双引号（""）来设置这两个属性的值。下面我们来看看如何在页面上使用<input/>标签：

```
<body>
  <p style = "font-size: 30pt;">发现芒克钻石</p>
  <p>请输入密码后浏览该网站。</p>
  <p>密码：<input id = "passwordBox" type = "text"/></p>
  <a href = "发现芒克钻石.html">
    点击此处提交密码，即可浏览网站
  </a>
</body>
```

type属性

id属性

在<input/>标签中使用这两个属性来创建一个输入框，我们就可以在这个框里输入密码了。

使用id属性是为了赋予<input/>标签一个唯一的名字，名字是必不可少的，请尽量少用中文名字，并确保你起的名字容易记住。这里我们将id属性的值设置为“passwordBox”。

这样，我们就可以在JavaScript中使用<input/>标签里的值了。id属性可以精确地告诉浏览器，我们希望它使用哪个地方的数据。如果没有这个id属性，浏览器就找不到用户输入的密码，就更没有办法检查密码是否正确了。

密码
发现芒克钻石
请输入密码后浏览该网站。
密码： Ernest300
点击此处提交密码，即可浏览网站
看，你可以输入密码了！
翻到下一页，了解<input/>
标签中的另一个属性吧！

type属性

<input/>标签有许多种输入形式，因此你要使用type属性来确切地告诉浏览器你需要什么样的<input/>标签。type属性有一些早已定义好的值，你需要在其中选择一种，以下是它常见的一些值：

属性的值	用途
text（文本）	创建一个用来输入文本的框
password（密码）	创建一个用来输入密码的框
button（按钮）	创建一个可以点击的按钮（与JavaScript一起使用）
checkbox（选择框）	创建一个用户可以勾选或取消的框

你可能已经注意到，在上一页里，当我们把type属性的值设为text时，密码就会以明文形式显示在框里。这很不安全！如果戴博士输入密码时邦德兄弟正好就躲在附近，谁知道会发生什么事情呢？

如果要保证密码的隐蔽性，我们可以把type属性的值设置成password。这样用户输入的文字就会隐藏起来，显示为一个个黑点。我们来看一下：

```
<body>
  <p style = "font-size: 30pt;">发现芒克钻石</p>
  <p>请输入密码后浏览该网站。</p>
  <p>密码：<input id = "passwordBox" type = "password"/></p>
  <a href = "发现芒克钻石.html">
    点击此处提交密码，即可浏览网站
  </a>
</body>
```

值改为password

这真是个保证密码隐蔽性的好办法！

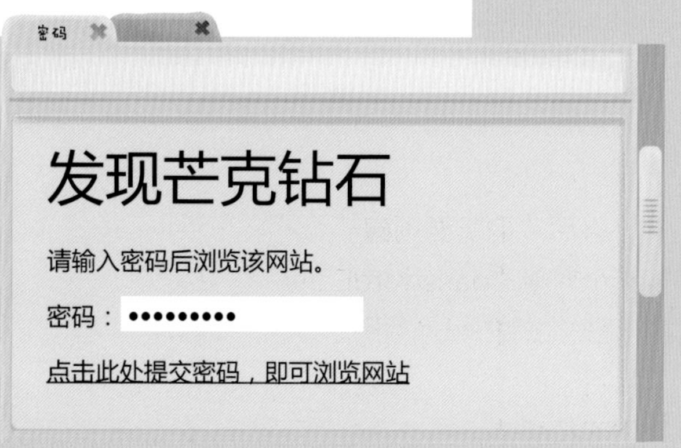

密码
发现芒克钻石
请输入密码后浏览该网站。
密码：•••••••••
点击此处提交密码，即可浏览网站

使用JavaScript来检查密码

现在我们已经建好网页的基本结构了，接下来就要编写JavaScript来检查用户输入的密码是否正确。如果他们输入的密码是Ernest300，就让网页跳转到“发现芒克钻石”的页面；如果输入的密码不正确，就弹出一个警告，告诉他们密码错误。

我们首先要做的就是创建一个函数，里面包含用来检查密码的所有代码。我们最好在<head>标签中创建这个函数。JavaScript本来可以放在HTML网页中的任何地方，这里我们把它放在<head>标签中，是为了让代码更容易易读。不要忘了JavaScript要写在<script>标签内，就像这样：

```
<script>
  function checkPassword() {
  }
</script>
```

函数

然后，我们创建变量来存储密码的值，这样我们的函数就可以检查用户输入的密码是否正确。请看我们要用到的两个变量：

```
<script>
  function checkPassword() {
    var password = document.getElementById("passwordBox");
    var passwordEntered = password.value;
  }
</script>
```

获取具有指定id的元素

变量1

变量2

id属性

在第一个变量“password”中，我们使用了一个新的内置函数，叫作getElementById（获取具有指定id的元素）。在任务3中我们会继续学习和使用它，它非常善于找到具有特定id属性的HTML元素。在这儿我们选取的id属性是<input/>标签的，所以变量的值就会是用户输入密码框中的任何数据。

然后，我们创建第二个变量“passwordEntered”来存储用户在密码框中输入的密码，也就是第一个变量的值。所以，第二个变量的值要这么写：先写出第一个变量的名称“password”，再跟上一个点（.）和关键字value。这样做以后，我们就可以用这个新变量的值来写if语句了。

最后我们需要创建一个if语句，将条件设为：第二个变量“passwordEntered”的值等于（==）Ernest300。如果条件满足，那么超链接就能运行；如果条件不满足，那么超链接就不运行，而是弹出一个警告框。这里我们不需要使用else语句，因为return语句就能让函数停止运行。

我们为密码网页编写的<script>块的完整代码就是这样：

if语句

警告

```
<script>
  function checkPassword() {
    var password = document.getElementById("passwordBox");
    var passwordEntered = password.value;
    if(passwordEntered == "Ernest300") {
      return true;
    }
    alert("密码错误，拒绝访问！");
    return false;
  }
</script>
```

最后我们要让JavaScript与HTML元素一起运行。现在我们再来看一下网页<body>标签里的代码。我们希望，当用户点击网页上的超链接时，函数“checkPassword”能被调用。因此，我们需要在锚标签的开始标签<a>中添加单击属性，就像这样：

调用函数

```
<body>
  <p style = "font-size: 30pt;">发现芒克钻石</p>
  <p>请输入密码后浏览该网站。</p>
  <p>密码：<input id = "passwordBox" type = "password"/></p>
  <a href = "发现芒克钻石.html" onclick = "return checkPassword();">
    点击此处提交密码，即可浏览网站
  </a>
</body>
```

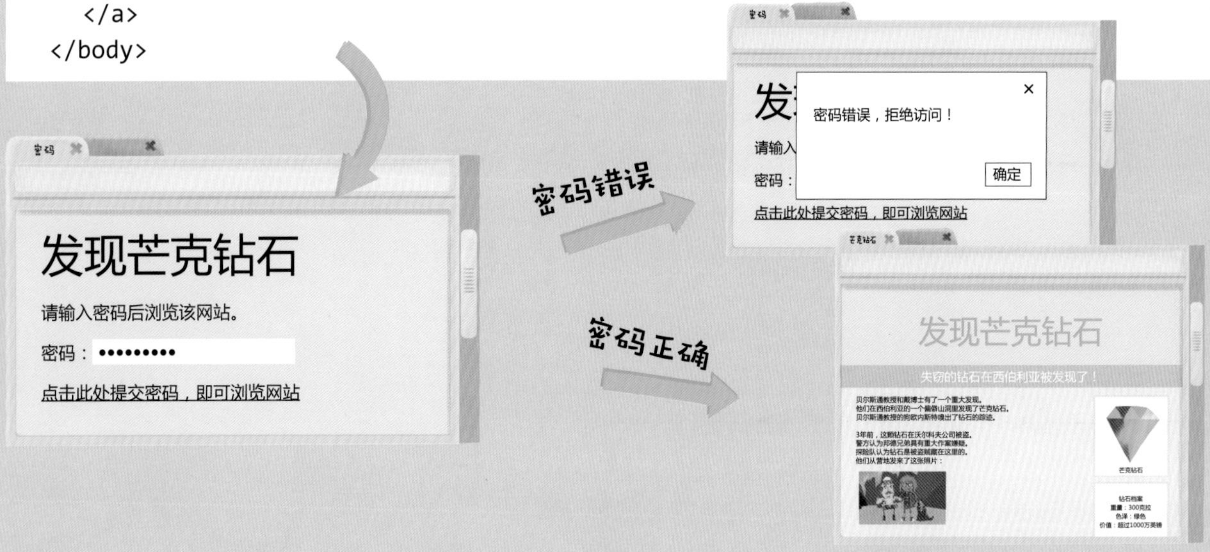
发现芒克钻石
请输入密码后浏览该网站。
密码：
点击此处提交密码，即可浏览网站
密码错误
密码错误，拒绝访问！
确定
密码正确
发现芒克钻石
失窃的钻石在西伯利亚被发现了！

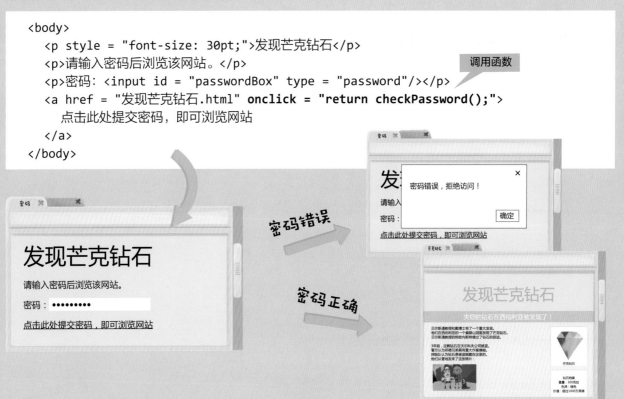

任务 2

DIY作业
创建密码

在这个任务中你学到了很多JavaScript编码技能，是时候将它们全部发挥出来了。请创建一个要求用户输入密码的新网页，来保护你在任务1中建好的网页。如果用户输入了正确的密码，他们就能访问“发现芒克钻石”网页；如果他们输入了错误的密码，就弹出一个警告，告诉他们拒绝访问。

戴博士的密码网页简介

当你创建这个新网页时，请使用HTML和JavaScript来编写以下内容：

- **一个函数：**调用时能检查密码。
- **一些变量：**用来存储用户在密码框中输入的数据。
- **一个if语句：**用来检查用户输入的密码是否正确。
- **一个警告：**如果用户输入错误的密码，就弹出来。
- **一个密码框：**让用户可以输入密码。
- **一个超链接：**将这个网页链接到“发现芒克钻石”网页。

这个新的网页文件要保存在你的**编程**文件夹中，并且命名为**戴博士的密码.html**。

```
<!DOCTYPE html>
<html>
<head>
  <title>密码</title>
  <style>
    body {
      background-color: lightblue;
      padding: 30px;
    }
  </style>
  <script>
    function checkPassword() {
      var password = document.getElementById("passwordBox");
      var passwordEntered = password.value;
      if(passwordEntered == "Ernest300") {
        return true;
      }
      alert("密码错误，拒绝访问！");
      return false;
    }
  </script>
</head>
<body>
  <p style = "font-size: 30pt;">发现芒克钻石</p>
  <p>请输入密码后浏览该网站。</p>
  <p>密码：<input id = "passwordBox" type = "password"/></p>
  <a href = "发现芒克钻石.html" onclick = "return checkPassword();">
    点击此处提交密码，即可浏览网站
  </a>
</body>
</html>
```

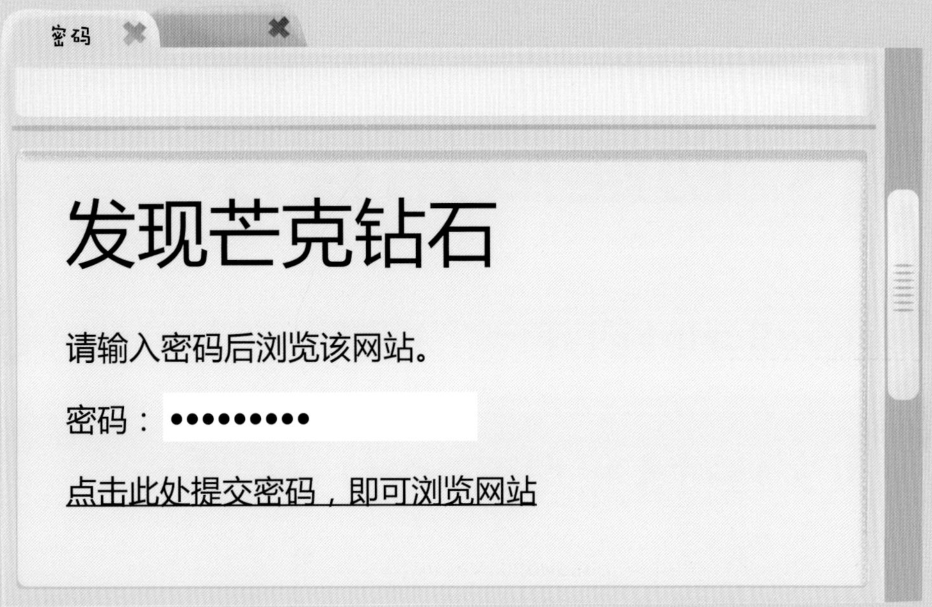
密码
发现芒克钻石
请输入密码后浏览该网站。
密码：●●●●●●●●●●
点击此处提交密码，即可浏览网站

好棒的代码！这个密码网页保护了芒克钻石的安全。别忘了，你还可以用更多的CSS属性来让页面更美观。

编码技能展望

JavaScript是一种方便、强大的编程语言，在现在所有的网页浏览器中都可以使用。学会了JavaScript，你就能创建出允许用户输入信息的、具有互动和响应能力的网页。它也很适合用来创建基于网页的应用程序。

任务 3

创建应用程序

- 用JavaScript创建一个按钮
- 使用文档对象模型（DOM）API来给浏览器编程
- 使用localStorage API来让网页拥有保存功能
- 创建一个应用程序：待办事项清单

任务简介

亲爱的程序员：

最近我们这儿没再发生什么可疑的事情了，您一定很乐意听到这个消息。我想，您为戴博士所做的工作一定成功了，所以邦德兄弟无法访问我们的网页，也就找不到我们了。您高超的技术真是令人印象深刻啊！

我受伤的脚踝已经痊愈，昨天我们就离开了山区，现在正在去往莫斯科的火车上，我们坐的头等车厢非常豪华。我刚刚才和我亲爱的老朋友——沃尔科夫公司的维克托·沃尔科夫先生互通了电子邮件。如您所知，3年前芒克钻石就是在沃尔科夫公司被猖狂地盗走的。沃尔科夫公司是世界上最古老、最受尊重的珠宝店之一，但是因为这桩盗窃案，老沃尔科夫深受打击，差点一病不起。

我把我们的发现告诉了沃尔科夫先生。起初他根本就不相信，在我详细解释后，他终于不再怀疑，他希望我们尽快、马上带着钻石返回莫斯科，他要策划一场特别的展览，并邀请全世界的重量级珠宝收藏家，他将在展会上宣布我们的发现！

沃尔科夫先生还请求我们帮助他策划展览。但我们还在火车上，所以我希望您能再一次伸出援手，帮一帮老沃尔科夫。不知您有没有什么办法创建一个叫作“待办事项清单”的应用程序呢？让我们从现在开始，一直到展览开幕，都可以用这个应用程序来核查需要做的所有事项。我非常健忘，有这么个应用程序的话，会非常管用。

如果我们不能小心翼翼地筹划这个展览（它需要最高级别的安全保障），那邦德兄弟很有可能会再次偷走钻石。后面我附上了一些信息，这些信息包含了在展览开幕之前需要完成的事项，还有“探险家百科”中关于沃尔科夫公司的条目，这些将会帮助您创建应用程序。

来自舒适车厢里的温暖问候！

哈里·贝尔斯通教授

探险家百科
每个冒险者的指南

主页
目录
重大发现
著名探险家
历史性探险事件

沃尔科夫公司

来自探险家百科——每个冒险者的指南

点击此处查询沃尔科夫钻石。

沃尔科夫公司是世界上最古老的珠宝公司之一，以优质的钻石珠宝蜚声全球。同时，该公司还拥有一些世界闻名的珠宝类私家珍藏。

沃尔科夫公司于18世纪90年代在圣彼得堡成立，创始人弗拉基米尔·沃尔科夫对钻石这种最稀有、最珍贵的宝石极为痴迷，因此被人们称为“钻石王子”。沃尔科夫公司也

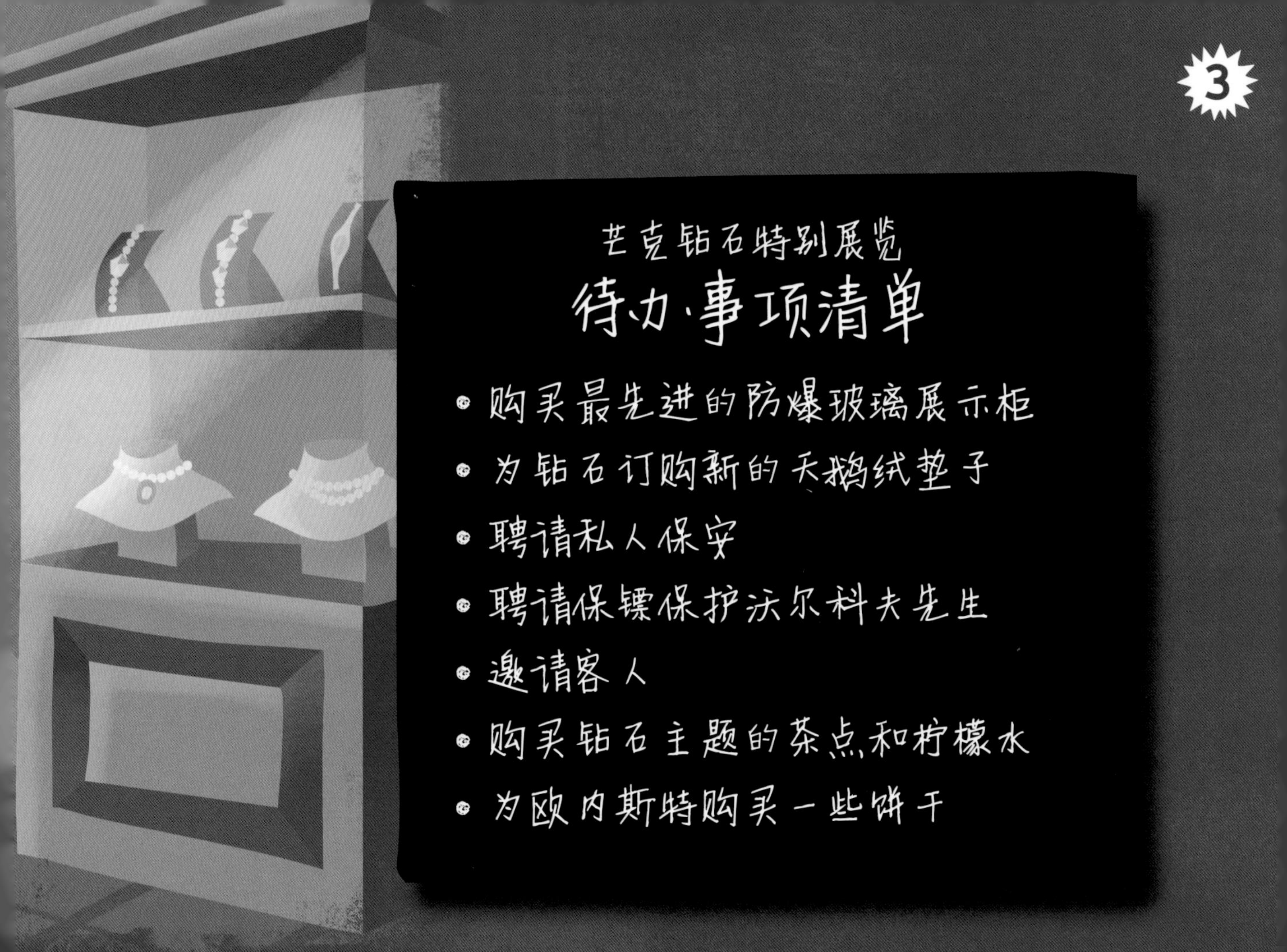
芒克钻石特别展览
待办事项清单
• 购买最先进的防爆玻璃展示柜
• 为钻石订购新的天鹅绒垫子
• 聘请私人保安
• 聘请保镖保护沃尔科夫先生
• 邀请客人
• 购买钻石主题的茶点和柠檬水
• 为欧内斯特购买一些饼干

是皇室御用珠宝商，为俄罗斯贵族提供了许多设计精妙的漂亮首饰。

今天，沃尔科夫公司坐落于莫斯科最繁华的街道之一，紧靠圣瓦西里大教堂。沃尔科夫钻石仍以高品质著称，部分钻石的售价堪称天价。

沃尔科夫公司如今的掌门人维克托·沃尔科夫曾在一次拍卖会上以未公开的价格买下了芒克钻石。芒克钻石从此成为沃尔科夫公司私家珍藏中的精华，它曾被放在一个古老的玻璃柜中向公众展示，直到在一次野蛮的盗窃案中被偷走。芒克钻石失窃案至今未能破获。盗窃案发生后，沃尔科夫公司销售收入急剧下降，甚至有流言说沃尔科夫公司可能会被兼并。沃尔科夫先生在最近接受的一次采访中说：“如果延续多代的家族产业不得不在我手里倒闭，那我就是家族的头号罪人了。”

沃尔科夫公司

经营范围： 珠宝
成立时间： 1794年
创始人： 弗拉基米尔·沃尔科夫
总部地点： 莫斯科
业务范围： 全世界

创建基于网页的应用程序

对贝尔斯通教授、戴博士和沃尔科夫先生来说，目前最重要的工作就是筹划好在沃尔科夫公司举办的芒克钻石特别展览。在这项任务中，你要帮助他们创建一个在浏览器上运行的应用程序，让贝尔斯通教授可以用它来创建待办事项清单。一旦完成了某项任务，他就可以从清单中移除它。

我们要学习一些新的JavaScript函数来创建这个应用程序。到目前为止，我们创建的网页通过浏览器呈现在屏幕上后不会再发生变化，而贝尔斯通教授想要添加和移除事项，因此这个应用程序必须更具互动性才行。我们先来看看这个应用程序应该是什么样子：

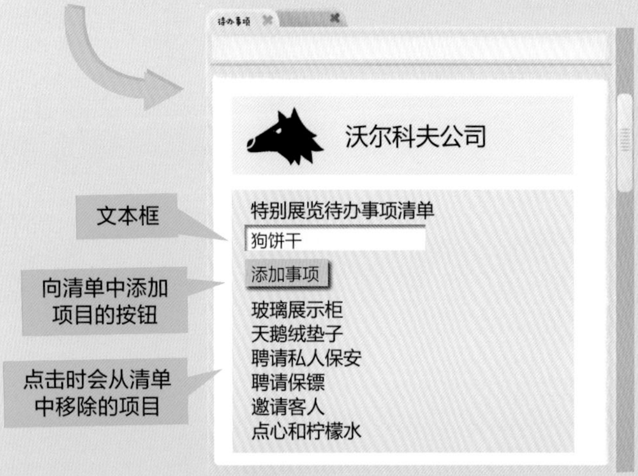

你知道吗？

在这个任务中你最好使用360、火狐或谷歌浏览器，因为不是所有的浏览器都支持你将用到的那些功能。

我们的应用程序里应该有一个文本框，这样贝尔斯通教授就可以在这个文本框中输入项目。当他点击按钮时，输入的项目就会添加到清单中；当他完成一项任务后，同样只要点击这个任务，它就会移除。我们可以使用在任务2中学到的JavaScript来编写这些东西。当然，在这个过程中我们会用到一些新的编程工具。

创建文本框和按钮

在开始学习新的JavaScript代码之前，我们先来搭建应用程序的基本结构。我们需要用到一个文本框和一个按钮。在任务2中你已经学会了使用输入标签<input/>和type属性，在这个任务中我们会再次运用这些技能。

输入标签<input/>可以在页面上创建出允许用户输入数据的HTML元素，当然，还要运用type属性来限定用户可以输入的数据类型。因此，为了在页面上创建一个文本框和一个可以点击的按钮，我们就需要编写这些代码：

```
<input type = "text"/>
<input type = "button"/>
```

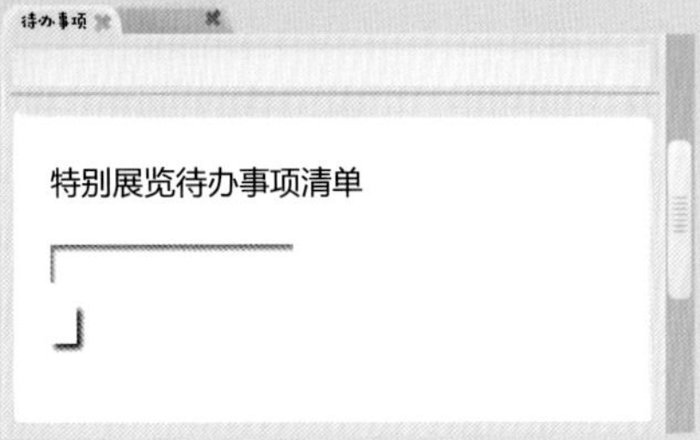

我们还需要在文本框和按钮里面添加一些文字，让用户知道它们可以执行什么操作。做法就是在输入标签中添加一个新的value（值）属性：

```
<input type = "text" value = "在此处输入新任务"/>
<input type = "button" value = "添加事项"/>
```

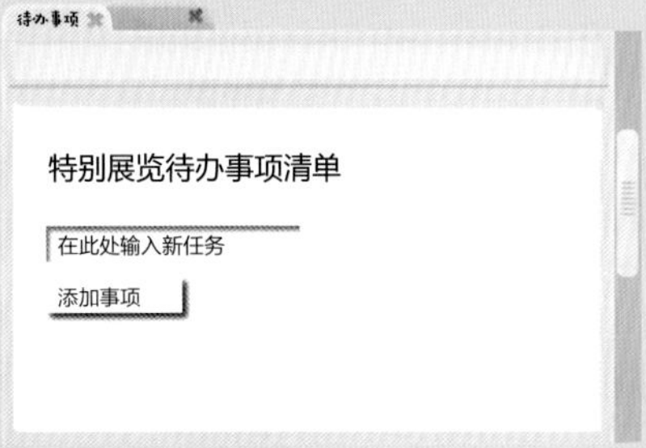

然后我们可以改变输入标签<input/>里的CSS属性，让它们变得醒目些。方法与我们在任务1中用到的技能一样，还是使用CSS类。但这一次我们不是简单地给CSS类命名，而是用CSS的type属性选择器来找到并格式化按钮。我们来看一下完整的代码块：

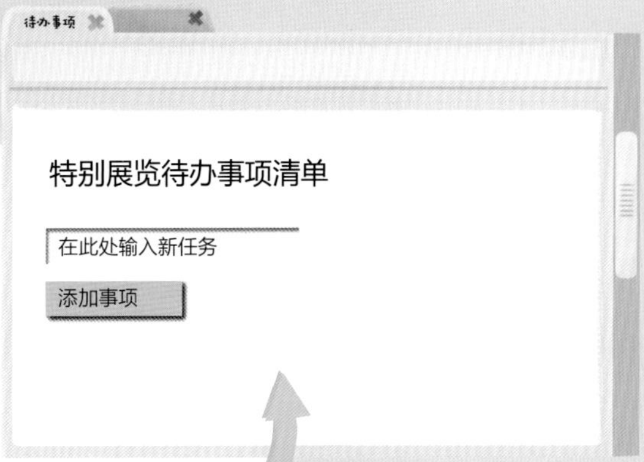


```
<!DOCTYPE html>
<html>
<head>
  <title>待办事项清单应用程序</title>
  <style>
    input[type = "button"] {
      background-color: pink;
    }
  </style>
</head>
<body>
  <p>特别展览待办事项清单</p>
  <br/>
  <input type = "text" value = "在此处输入新任务"/>
  <br/>
  <input type = "button" value = "添加事项"/>
  <br/>
</body>
</html>
```

这就是CSS的type属性选择器，它能找到指定的type属性，然后将其格式化为你选择的CSS属性

type属性

这时你在文本框中输入文字或者单击按钮，什么都不会发生。如果你希望按钮和文本框能起作用，那就需要在网页中再添加一些JavaScript代码。

编码技能 ► 创建一个按钮

现在我们开始为贝尔斯通教授的应用程序创建一个按钮。先使用输入标签<input/>编写文本框和按钮。

1. 打开文本编辑程序，创建一个名为**应用程序.html**的新HTML文件，将这些代码输入新文件中：

```
<!DOCTYPE html>
<html>
<head>
  <title>待办事项清单应用程序</title>
</head>
<body>
  <p>特别展览待办事项清单</p>
  <br/>
  <br/>
  <br/>
</body>
</html>
```

2. 在<body>标签中用输入标签<input/>创建文本框和按钮。别忘了你需要在输入标签中写入两个属性：type属性和value属性。把value属性的值设置为你想显示在文本框和按钮里的文字。你的代码看起来应该像这样：

```
<body>
  <p>特别展览待办事项清单</p>
  <br/>
  <input type = "text" value = "在此处输入新任务"/>
  <br/>
  <input type = "button" value = "添加事项"/>
  <br/>
</body>
```

3. 保存这个HTML文件并在浏览器中打开它，屏幕上就会显示文本框和按钮。

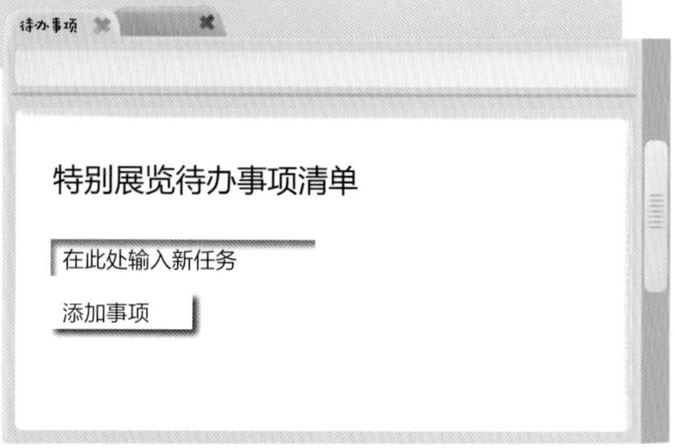

现在你可以创建一个CSS类，并使用CSS的type属性选择器来更改按钮的颜色。

让按钮运行代码

现在我们需要让应用程序中的按钮起作用，让它被点击时能运行JavaScript代码。为此，我们需要在按钮的<input/>标签中添加onclick属性，就像在任务2中所做的那样。当用户点击按钮时，我们希望它能调用JavaScript函数，我们要做的就是把onclick属性的值设为我们想调用的函数的名称。

我们先来编写一个点击时能调用函数的按钮，这个函数会弹出一个警告。首先要创建你需要的JavaScript函数，然后在按钮的<input/>标签中添加onclick属性，最后将onclick属性的值设为函数的名称。请使用等号（=）和半角双引号（""）来设置。需要用到的代码就像这样：

```
<!DOCTYPE html>
<html>
<head>
  <title>待办事项清单应用程序</title>
  <script>
    function addItem() {
      alert("记得买狗饼干！");
    }
  </script>
</head>
<body>
  <p>特别展览待办事项清单</p>
  <br/>
  <input type = "text" value = "在此处输入新任务"/>
  <br/>
  <input type = "button" value = "添加事项" onclick = "addItem();"/>
  <br/>
</body>
</html>
```

JavaScript函数

警告

输入标签

函数名

按钮

onclick属性

现在你再点击按钮时，onclick属性就会调用JavaScript函数，然后弹出一个警告。

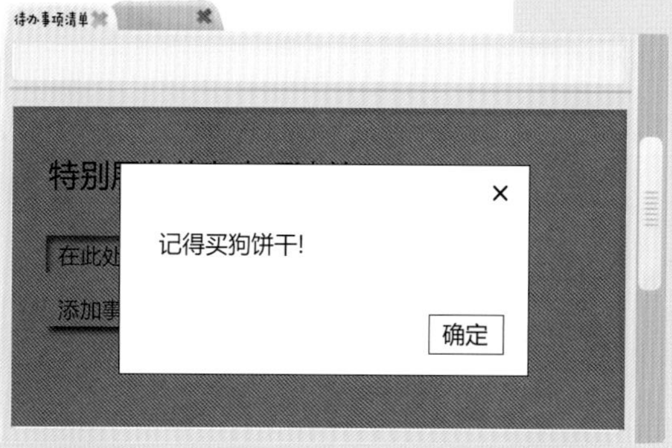

编码技能 ► 让按钮运行代码

现在我们来练习一下使用onclick属性创建一个会弹出警告的按钮。

1. 打开文本编辑程序，创建一个名为**按钮.html**的新HTML文件，将**应用程序.html**中的代码复制并粘贴过来。在按钮的<input/>标签中添加onclick属性，这个属性会为你的按钮调用一个JavaScript函数，代码就像这样：

```
<!DOCTYPE html>
<html>
<head>
   <title>待办事项清单应用程序</title>
</head>
<body>
   <p>特别展览待办事项清单</p>
   <br/>
   <input type = "text" value = "在此处输入新任务"/>
   <br/>
   <input type = "button" value = "添加事项" onclick = "addItem();"/>
   <br/>
</body>
</html>
```

2. 在<head>标签里面添加<script>标签，在其中创建一个JavaScript函数，让它被调用时弹出一个警告。代码应该像这样：

```
<head>
   <title>待办事项清单应用程序</title>
   <script>
      function addItem() {
         alert("聘请安保团队！");
      }
   </script>
</head>
```

3. 保存这个HTML文件并在浏览器中打开它。当你点击按钮时，警告就弹出来了。

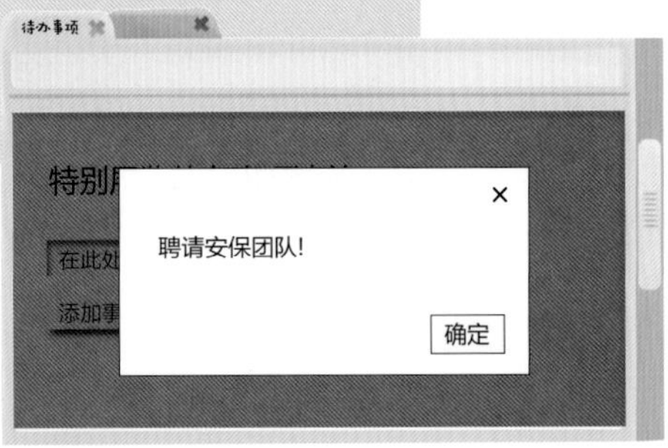

文档对象模型（DOM）

现在，我们的按钮和文本框已经可以起作用了，但贝尔斯通教授怎样才能在他的清单中添加和移除项目呢？这时我们就需要使用文档对象模型（Document Object Model，DOM）。

我们在任务1中了解到，一个HTML网页文件就叫作一个文档。你也知道，HTML文件是由许多小段的HTML组成，它们叫作HTML元素。当我们保存了HTML文件并在网页浏览器中运行代码时，浏览器就会在屏幕上呈现这些元素。如果想要创建应用程序，我们就需要在浏览器已经呈现网页后，依然能改变、删除或添加新的HTML元素。

正如我们在任务2中学到的，在我们编码时内置函数（比如警告）非常有用。DOM就是浏览器中运行的一个内置函数集合。使用这些内置函数就可以轻松地开发出根据用户的操作而发生变化的动态网页。

编程接口

DOM是一种**API（Application Program Interface，应用程序接口）**。API可以帮助你编码，它们是内置函数集，可以方便地应用在HTML和JavaScript代码中。

我们在任务2中使用的警告函数就是一个内置函数，与其自己编写一个警告函数，不如直接在编码时输入警告关键字alert，这样浏览器就知道该怎么做了。DOM也以类似的方式工作。当HTML文档已经展现在屏幕上后，我们可以使用DOM的内置函数来改变它。

有了DOM，我们就能创建出根据用户的操作做出响应和改变的网页。所以如果我们希望贝尔斯通教授添加或移除一项任务时，待办事项清单能做出响应，随之发生改变，那就要用到DOM的方法和属性了。

编程术语

API能帮你节省大量的编码时间，因为它们允许你使用其中的内置函数。你可以在代码中直接使用API函数，而不是自己从头编写这些函数的代码。API可以执行各种操作，从存储信息到添加内容至页面上都没问题。

使用DOM

DOM API是用一种特殊的方式来构建的，这种方式叫作“层次”，它有点像一张家谱。这种层次结构叫作文档对象，其中的各个HTML元素都彼此连接，就像家庭成员一样，有父母，也有孩子。文档对象的结构方式允许你使用另一种编程语言，比如JavaScript，来访问、更改、添加或删除文档中的任何HTML元素。

如果HTML文档已经呈现在屏幕上了，而你还想更改其中某个HTML元素，这时就可以使用DOM。你可以用DOM方法和属性找到页面中的那个HTML元素，然后使用JavaScript来删除、更改它或向其中添加内容。

想让应用程序具有很好的互动性，我们就要学会结合JavaScript来使用这些DOM方法和属性。贝尔斯通教授需要的是能在屏幕上看到他的任务清单，并能够在其中添加和删除项目。

DOM方法和属性

在使用DOM的任何内置函数前，你必须先告诉浏览器你想要调用DOM API。你得在指令的开头输入这样的代码：

```
document.
```

点号

DOM关键字

一旦你告诉了浏览器你想使用DOM，就还得告诉它你想使用哪些DOM函数。DOM中包含了叫作“方法”和“属性”的两类内置函数，你可以用它们来更改HTML元素。“方法”就是你可以执行的操作，比如添加或删除HTML元素；“属性”则是你可以访问和更改的值，比如将某个HTML元素的内容设置为一段文字。

你想使用方法或属性时，你必须用点号（.）将DOM关键字与DOM方法或属性分开。DOM允许你访问网页中的任何HTML元素，因此很多DOM方法中都出现了“element”（元素）这个词。在任务2中，你就使用过一个用在JavaScript代码中的DOM方法，就是这段代码：

```
document.getElementById("passwordBox");
```

DOM关键字　点号　DOM方法　id属性

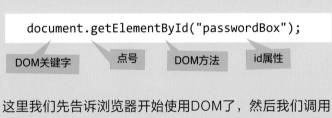

这里我们先告诉浏览器开始使用DOM了，然后我们调用了一个叫getElementById的DOM方法来查找某个HTML元素，最后，我们命令浏览器找到具有这个特定id属性的HTML元素。

注意到了吗？

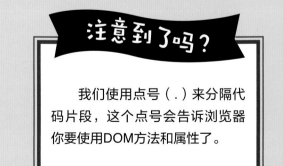

我们使用点号（.）来分隔代码片段，这个点号会告诉浏览器你要使用DOM方法和属性了。

使用DOM改变应用程序

我们可以使用DOM方法，通过HTML元素的id属性，在应用程序中找到这个元素，然后再用DOM属性来改变这个元素的内容。下面我们来看看具体的做法。

使用getElementById方法

getElementById方法适用于在代码块中找到特定的HTML元素。使用它时，必须在这个方法关键字后面用半角括号把HTML元素的id属性括起来，就像这样：

DOM | 方法关键字 | 你想寻找的id属性

```
document.getElementById("list");
```

这里我们要求浏览器在页面上找到id属性的值为“list”的HTML元素。

使用innerHTML属性

你可以使用DOM的innerHTML属性来访问或更改应用程序中某个HTML元素的内容。然后，就可以让这个HTML元素的内容作为JavaScript代码中的一个值。请看下面这个例子：

变量 | HTML元素 | 警告 | id属性 | 你想要获取的innerHTML

```
var showList = document.getElementById("list");
alert(showList.innerHTML);
```

这里我们创建了一个变量，并将一个id属性为“list”的HTML元素作为值赋给了这个变量。然后我们创建了一个警告框，来弹出这个变量的值。这里我们使用了innerHTML属性来获取变量的值，所以浏览器就能得到那些信息了。

DOM 是区分大小写的，请确保大小写字母没有写错。
翻到下一页看看如何使用这些属性和方法。

下面我们来用getElementById方法和innerHTML属性弹出一个警告框：

```
<!DOCTYPE html>
<html>
<head>
  <title>清单提醒</title>
</head>
<body>
  <div id = "list">给欧内斯特买一个新项圈</div>
  <script>
    var showList = document.getElementById("list");
    alert(showList.innerHTML);
  </script>
</body>
</html>
```

id属性

innerHTML属性

getElementById方法

在这个例子中，我们使用getElementById方法查找id属性值为“list”的<div>元素。你应该还记得任务1中的<div>标签，它们就像放置内容的容器，可以用来对页面进行分区。

然后我们将<div>标签中的内容存到变量“showList”中，再用innerHTML把警告框里的文字设为变量“showList”的值。如果<div>中的文字改变了，那么警告框里的文字也会随之改变，不需要我们再另外编写代码。

清单提醒
给欧内斯特买一个新项圈
给欧内斯特买一个新项圈
确定

多么贴心的清单！

编码技能 ► 方法和属性

现在我们来学习使用getElementById方法和innerHTML属性查找并更改一个HTML元素的内容。

1. 打开文本编辑程序，创建一个名为**方法.html**的新HTML文件。在<body>标签中使用<input/>标签来创建按钮，然后创建一个空的<div>标签，就像这样：

```
<!DOCTYPE html>
<html>
<head>
  <title>方法</title>
</head>
<body>
  <input type = "button" value = "添加事项"/>
  <div id = "container"></div>
</body>
</html>
```

2. 在<head>标签中创建一个JavaScript函数，在函数中使用getElementById方法查找那个空的<div>标签，然后用innerHTML在空的<div>标签中填入一些文字，就像这样：

```
<script>
  function addItem() {
    document.getElementById("container").innerHTML = "备忘项目";
  }
</script>
```

3. 让按钮被点击时能调用JavaScript函数。在<input/>标签中添加onclick属性，并将onclick属性的值设置为函数的名称，就像这样：

```
<input type = "button" value = "添加事项" onclick = "addItem();"/>
<div id = "container"></div>
```

4. 保存这个HTML文件并在浏览器中打开它。你会看见一个按钮，当你点击这个按钮时，innerHTML里面的文字就会添加到<div>标签中。

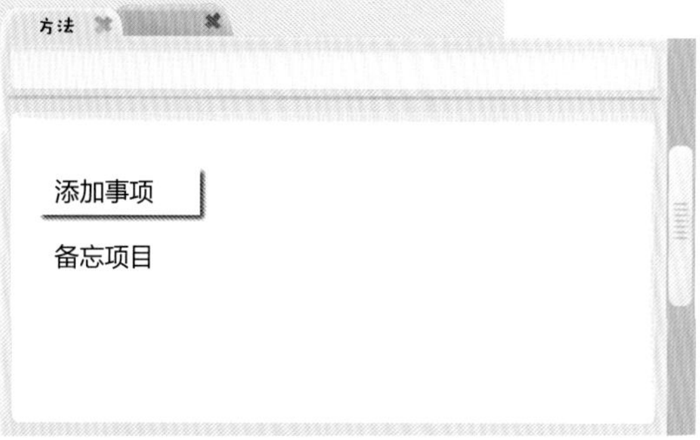

用DOM向应用程序中添加新元素

我们已经知道如何使用DOM方法和属性来查找和更改应用程序中的HTML元素，这非常有用。现在我们需要学习使用DOM把新的HTML元素添加到应用程序中。毕竟，贝尔斯通教授希望能够向清单中添加项目。有两个DOM方法可以帮助我们达到这个目的，下面我们用JavaScript来实践一下。

createElement方法

createElement（创建元素）方法用于创建新的HTML元素，比如<div>、按钮或段落。你必须在方法关键字后面用半角双引号（""）和半角括号把要创建的元素的类型名括起来，就像这样：

DOM　方法关键字　你想创建的HTML元素

```
document.createElement("div");
```

然后，你可以使用JavaScript将新建的元素分配给变量，方法就是用你在任务2中学到的赋值运算符（=）进行赋值。最后，在浏览器呈现新元素之前，你可以使用innerHTML属性来设置新元素的内容。

appendChild方法

appendChild（插入新的子元素）方法能让你在现有的HTML元素后添加一个新的HTML元素。当这个新元素在浏览器中显示出来时，它会出现在现有元素下面。同样，你必须在方法关键字后面用括号把想要添加的HTML元素括起来，就像这样：

```
<script>
  var newDiv = document.createElement("div");
  newDiv.innerHTML = "贝尔斯通教授";
  document.body.appendChild(newDiv);
</script>
```

创建<div>标签　设置innerHTML　添加的位置　appendChild方法

appendChild 和 createElement 方法都可以让我们把项目添加到应用程序的清单中。

注意到了吗？

所有的DOM方法和属性都是用骆驼拼写法书写的。

我们来看一个使用createElement和appendChild方法创建新HTML元素的例子。这个新HTML元素会是一个<div>标签，里面还有一段文字。<div>标签是为其他HTML元素创建一个片段或容器的有效方法。

```
<!DOCTYPE html>
<html>
<head>
  <title>待办事项清单应用程序</title>
</head>
<body>
  <div id = "list">待办事项清单</div>
  <script>
    var newItem = document.createElement("div");
    newItem.innerHTML = "添加项目到清单";
    document.getElementById("list").appendChild(newItem);
  </script>
</body>
</html>
```

id属性

createElement 方法

变量

创建<div>

appendChild方法

添加HTML 元素

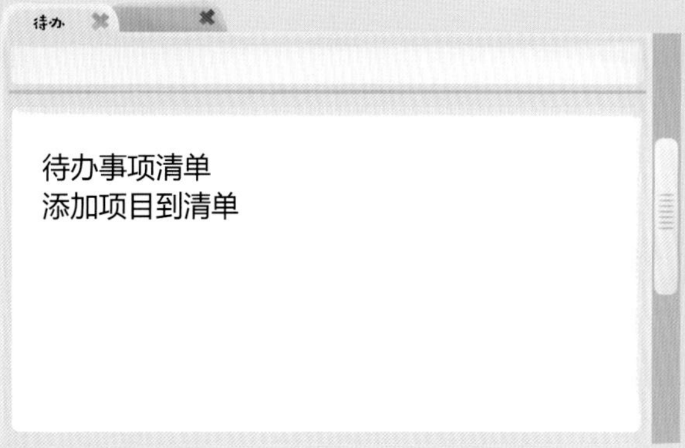

我们做的第一件事是创建一个<div>标签，并将其id属性设置为“list”。我们将会使用appendChild方法把新HTML元素添加到这个<div>标签之后。

我们先创建一个<script>标签，和一个JavaScript代码块。在JavaScript的第一行中，使用createElement方法再创建一个<div>标签。同时，我们把这个新的<div>标签存入变量“newItem”中，当然，你也可以给变量取一个你喜欢的任何名字。

下一行，我们用innerHTML属性把变量的值设置成一段文字“添加项目到清单”。现在，存储在变量中的新<div>标签就包含了这段文字。

最后一行，我们先使用getElementById方法通过id属性找到第一个<div>。然后，我们使用appendChild方法把存储在变量中的第二个<div>添加到第一个<div>后面。

当我们在浏览器上运行这些代码时，我们就会看到新的<div>内容已添加到第一个<div>内容下面了。

你肯定不相信贝尔斯通教授有多健忘！

编码技能 ► 添加新的HTML元素

现在轮到你来使用createElement和appendChild方法了。请在你的代码中使用DOM和JavaScript，让一个已经存在的HTML元素被点击时会创建出一个新元素。你会发现，使用DOM这样的API来创建应用程序会很简单。

1. 打开文本编辑程序，创建一个名为**新元素.html**的新HTML文件。然后编写一个包含文字的<div>标签（带有id属性），就像这样：

```
<!DOCTYPE html>
<html>
<head>
  <title>新元素</title>
</head>
<body>
  <div id = "list">点击此处添加项目</div>
</body>
</html>
```

2. 在<head>标签中创建一个新的函数，就像这样：

```
<head>
  <title>新元素</title>
  <script>
    function addItem() {
    }
  </script>
</head>
```

3. 在函数中使用createElement方法创建一个新的<div>标签，将这个<div>保存在一个变量中，并给变量命名。然后，用innerHTML属性把这个<div>的值设为某些文字。你的代码看起来应该像这样：

```
<script>
  function addItem() {
    var newItem = document.createElement("div");
    newItem.innerHTML = "新项目";
  }
</script>
```

4. 向函数中添加最后一行。使用getElementById方法在<body>标签中找到最早编写的<div>，使用appendChild方法将新的<div>标签添加到最早编写的<div>后。你的代码看起来应该像这样：

```
<script>
  function addItem() {
    var newItem = document.createElement("div");
    newItem.innerHTML = "新项目";
    document.getElementById("list").appendChild(newItem);
  }
</script>
```

5. 剩下的步骤就是在<body>标签里调用函数了。在<body>标签内的<div>中添加onclick属性，让<div>中的文字被点击时，函数“addItem”就会被调用。你的代码看起来应该像这样：

```
<body>
  <div id = "list" onclick = "addItem();">点击此处添加项目</div>
</body>
```

6. 保存这个HTML文件并在浏览器中打开它。每次你点击“点击此处添加项目”这行文字时，一个新的<div>标签就会添加到你的应用程序中。

但是怎样才能在应用程序里添加按钮呢？

翻到下一页就能找到答案！

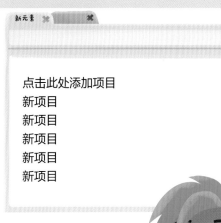

创建应用程序：待办事项清单

现在我们已经知道了DOM是什么，如何工作。下面我们综合运用我们学习过的所有编码技能，来创建一个“待办事项清单”应用程序。在任务刚开始的时候，你已经学过如何使用<input/>标签创建文本框和按钮。我们来回顾一下那段代码：

```
<!DOCTYPE html>
<html>
<head>
  <title>待办事项清单应用程序</title>
</head>
<body>
  <p>特别展览待办事项清单</p>
  <br/>
  <input type = "text" value = "在此处输入新任务"/>
  <br/>
  <input type = "button" value = "添加事项"/>
  <br/>
</body>
</html>
```

文本框

按钮

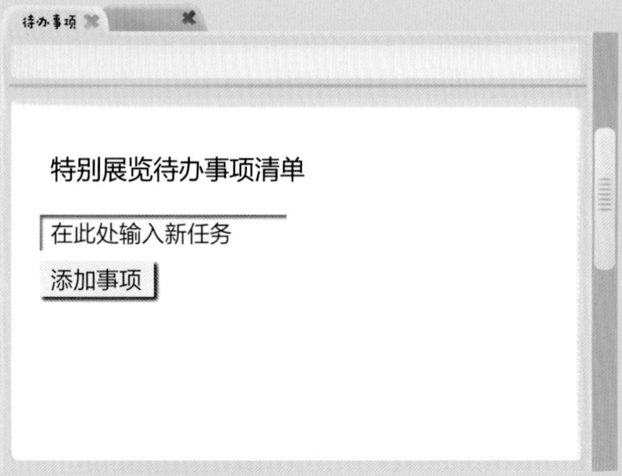

现在贝尔斯通教授已经可以在文本框中输入一项新任务了，但当他点击按钮时，却什么都没有发生。我们必须使用DOM方法和属性，让按钮被点击时能在清单中加入项目。

我们从<body>标签开始修改相关代码。首先，我们需要在<input/>标签中添加一个onclick属性，让按钮能够起作用，这个onclick必须调用一个函数。然后，还要创建一个空的<div>，它将成为我们的“待办事项清单”。当一个项目被添加到清单中的时候，它其实是通过DOM方法添加到了这个空的<div>后。因此<body>块的代码应该像这样：

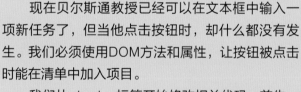

```
<body>
  <p>特别展览待办事项清单</p>
  <br/>
  <input type = "text" value = "在此处输入新任务"/>
  <br/>
  <input type = "button" value = "添加事项" onclick = "addItem();"/>
  <br/>
  <div id = "list"></div>
</body>
```

<div>

onclick 属性

接下来我们在<head>标签中创建一个函数，让它在onclick属性被触发时就会运行。在这个函数中，要用createElement方法创建一个新的<div>，并把这个新<div>存储在变量“newItem”中。然后我们需要使用innerHTML来设置变量“newItem”中的文字。最后我们使用getElementById方法找到<body>标签中id属性为“list”的<div>标签，并使用appendChild方法将变量“newItem”的值添加到清单中。最终<head>标签内<script>块的代码应该像这样：

```
<script>
  function addItem() {
    var newItem = document.createElement("div");
    newItem.innerHTML = "新项目";
    document.getElementById("list").appendChild(newItem);
  }
</script>
```

创建新<div>

设置新<div>的innerHTML

找到id属性

在<body>的<div>中添加新<div>

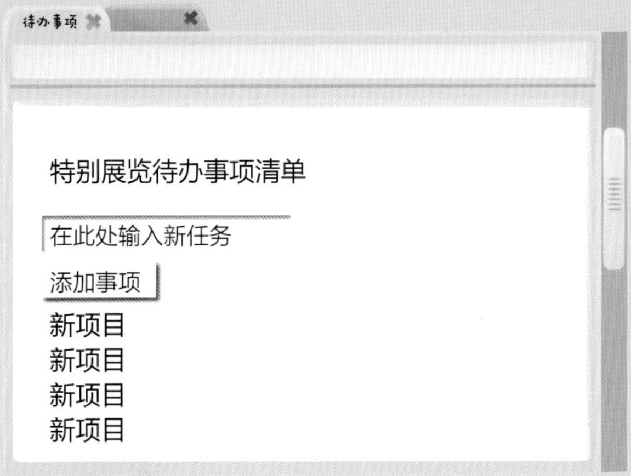

在浏览器中运行这些代码，按钮就起作用了。每点击一次按钮，就会向清单中添加一行文字：新项目。

添加自定任务

我们的应用程序已经初具雏形了，现在每次单击按钮都会在清单中添加一个项目。但贝尔斯通教授还是不能在文本框中输入文字并把它添加到清单中。我们来看看怎样才能让他输入自己计划的任务。

我们只需修改两行代码，把文本框中的值添加到清单中。第一步，我们要修改<body>标签中的代码，给文本框的<input/>标签设置一个id属性，就像这样：

id属性

```
<input type = "text" id = "box" value = "在此处输入新任务"/>
```

第二步，我们要修改<head>标签中的JavaScript，把新<div>中的innerHTML属性设置为输入到文本框“box”中的任何值。要做到这一点，我们还必须使用getElementById方法通过id属性来找到文本框。对<script>代码块进行这些修改后，我们就能获取文本框中的值了：

```
<script>
  function addItem() {
    var newItem = document.createElement("div");
    newItem.innerHTML = document.getElementById("box").value;
    document.getElementById("list").appendChild(newItem);
  }
</script>
```

id属性

获取值

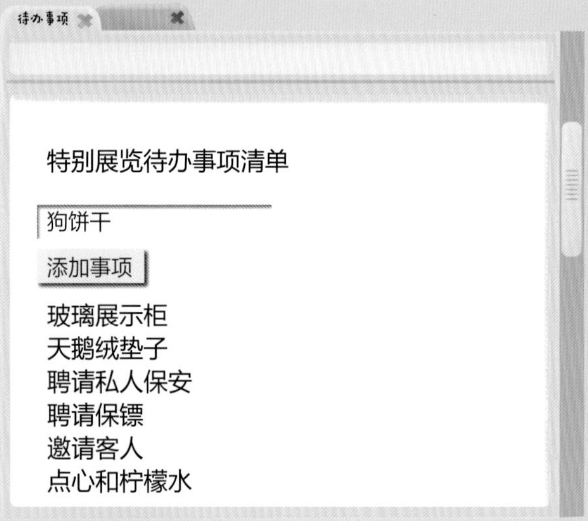

现在，贝尔斯通教授可以把文本框中原本存在的文字替换为他想加到清单里的那些任务了。我们的函数“addItem”会把输入文本框内的任意文本设置为新<div>标签的内容。现在教授终于可以把他自己计划的任务添加到清单里了。

编码技能核对单 ✓

使用DOM API

- DOM（文档对象模型）是一种API（应用程序接口）。当HTML文档在浏览器中运行时，它就成为DOM的一部分，也被称为“文档对象”。正是因为文档对象特殊的结构方式，你才可以编写出能获取和修改单个HTML元素的代码。
- HTML元素已经由浏览器展示在屏幕上后，你可以使用DOM的内置函数对HTML元素进行更改。如果你想编写出交互式网页或者基于网页的、能响应用户操作的应用程序，那这项技能非常重要。
- 要使用DOM，你必须输入关键字document，还得使用点号（.）。DOM中的每条新指令之间都必须用点号来隔开。
- 你可以使用DOM方法和属性来更改HTML元素。
- getElementById是一个DOM方法，它能让你通过id属性找到某个HTML元素。
- innerHTML是一个DOM属性，你可以设置任何HTML元素的innerHTML。它是设置或修改HTML元素内容的一种便捷方法。
- createElement是一个DOM方法，它能让你创建出一个新的HTML元素，不过你必须告诉浏览器你想创建什么类型的元素。
- appendChild也是一个DOM方法，它允许你在现有的HTML元素之后添加新的HTML元素。

使用 DOM 可以为你节省很多时间，也可以帮助你轻松地创建动态网页。

编码技能 ► 创建基本的应用程序

我们来创建一个基本的应用程序，它至少有一个文本框和一个按钮，让贝尔斯通教授能把他的任务项目添加到清单中去。请使用DOM和JavaScript来编码，让按钮被点击时，文本框中的任务能添加到清单中。

1. 打开文本编辑程序，创建名为**基本应用程序.html**的新HTML文件。然后将**应用程序.html**中的代码复制并粘贴到新文件中。修改代码，为文本框设置一个id属性，就像这样：

```
<!DOCTYPE html>
<html>
<head>
  <title>待办事项清单应用程序</title>
</head>
<body>
  <p>特别展览待办事项清单</p>
  <br/>
  <input type = "text" id = "box" value = "在此处输入新任务"/>
  <br/>
  <input type = "button" value = "添加事项"/>
  <br/>
</body>
</html>
```

2. 在<body>标签的底部添加一个空的<div>标签，并为它设置id属性，就像这样：

```
<input type = "button" value = "添加事项"/>
<br/>
<div id = "list"></div>
```

3. 在按钮的<input/>标签中添加一个onclick属性，让它可以调用一个JavaScript函数。你的代码看起来应该像这样：

```
<input type = "button" value = "添加事项" onclick = "addItem();"/>
```

4. 在<head>标签里面添加一个空的JavaScript函数，让<script>代码块变成这样：

```
<head>
  <title>待办事项清单应用程序</title>
  <script>
    function addItem() {
    }
  </script>
</head>
```

5. 使用DOM来编写函数“addItem”。首先，当按钮被点击时，让这个函数创建一个新的<div>标签。然后，使用innerHTML将新建的<div>标签的值设置为文本框中的值。最后，使用appendChild将新的HTML元素添加到<body>标签中的<div>之后。你的代码看起来应该像这样：

```
<script>
  function addItem() {
    var newItem = document.createElement("div");
    newItem.innerHTML = document.getElementById("box").value;
    document.getElementById("list").appendChild(newItem);
  }
</script>
```

6. 保存这个HTML文件并在浏览器中打开，现在你可以在文本框中输入你想加到清单中的项目了。当你点击按钮时，输入到文本框中的项目就会添加到清单中。

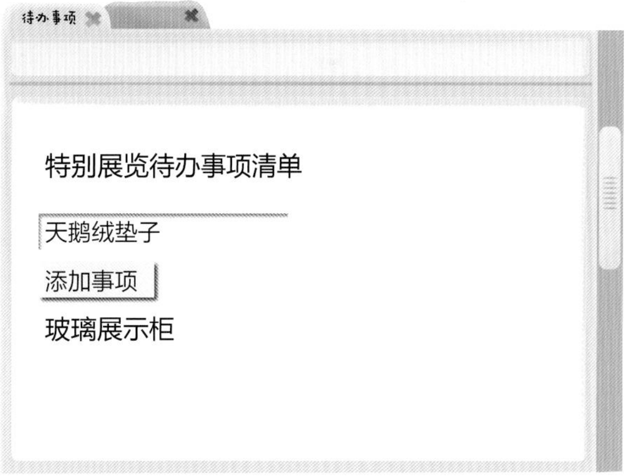

干得漂亮！我可以把我要做的所有任务添加到清单中了！

使用DOM从应用程序中移除HTML元素

你已经知道如何使用DOM来查找和添加HTML元素，但是，万一贝尔斯通教授不小心添加了错误的任务，或者他完成某项任务后希望从清单中移除它，那又该怎么办呢？看来我们还得学习如何使用DOM来移除应用程序中的HTML元素。

想象一下，如果我把自己需要的“一双新羊毛袜”添加到清单中，那就糟糕了！

removeChild方法

removeChild（删除子元素）方法的作用与appendChild（插入新的子元素）方法正好相反，appendChild方法是把一个HTML元素添加到另一个HTML元素后面，而removeChild方法是从一个HTML元素中移除另一个HTML元素。removeChild的使用方法和appendChild差不多，你要通过id属性来找到你要删除的HTML元素，然后告诉浏览器删除它，就像这样：

找到HTML父元素

删除HTML子元素

```
document.getElementById("list").removeChild(this);
```

这些新的代码块让我们的应用程序变得越来越有互动性了。

如你所知，HTML标签可以嵌套在其他HTML标签内。当你使用removeChild方法时，要先通过id属性找到一个HTML元素，再删除嵌套在其中的HTML元素。

在文档对象中，所有元素层层嵌套，相互连接，就像一张家族图谱。嵌套在一个HTML元素（假设它叫A元素）里面的任意HTML元素都叫作A元素的子元素，而A元素就叫作父元素。你使用removeChild方法时，就是从HTML父元素中删除HTML子元素。

当你使用removeChild方法时，总会用到一个简便的JavaScript关键字，即“this”（这个）。关键字this指代将会调用函数的任何HTML元素。我们来看看这个例子：

```
<!DOCTYPE html>
<html>
<head>
  <title>待购物品</title>
  <script>
    function removeItem(item) {
      document.getElementById("list").removeChild(item);
    }
  </script>
</head>
<body>
  <div id = "list">
     钻石用的天鹅绒垫子
     <div onclick = "removeItem(this);">
       羊毛袜
     </div>
  </div>
</body>
</html>
```

参数

父<div>

关键字this

子<div>

在这个例子中，id属性为“list”的第一个<div>标签是父元素，另外一个含有文字“羊毛袜”的<div>标签嵌套在它里面，也就是子元素。当我们点击文字“羊毛袜”时，就会通过getElementById来查找id属性为“list”的<div>。

然后我们使用了removeChild方法和关键字this来删除这些文字。就像在任务2中学到的那样，要使函数工作，我们必须给它传递一个参数。这里我们用参数“item”和关键字this来追踪想要删除的HTML元素。现在贝尔斯通教授直接点击“羊毛袜”这个项目，就可以把它从清单中删除了。

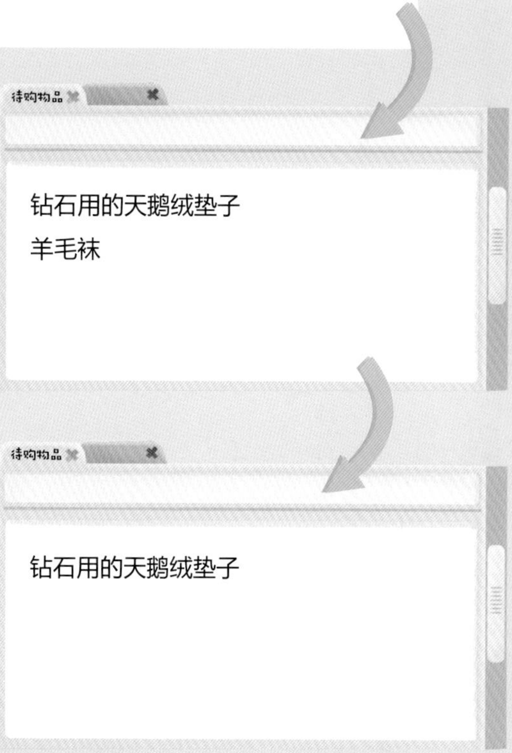

编码技能 ► 删除一个HTML元素

我们来使用removeChild方法和关键字this删除一个HTML元素。

1. 打开文本编辑程序，创建一个名为**删除.html**的新HTML文件。在<body>标签中创建一个父<div>和一个子<div>。给父<div>设置id属性，就像这样：

```
<!DOCTYPE html>
<html>
<head>
  <title>删除项目</title>
</head>
<body>
  <div id = "list">
    保护沃尔科夫先生的安全
    <div>
      羊毛袜
    </div>
  </div>
</body>
</html>
```

2. 在<head>标签中写入一个JavaScript函数，让它能从网页中移除子<div>。这个函数先通过getElementById方法找到父<div>，然后使用removeChild删除嵌套在里面的子<div>。你的代码看起来应该像这样：

```
<script>
  function removeItem(item) {
    document.getElementById("list").removeChild(item);
  }
</script>
```

3. 最后，向子<div>中添加一个onclick属性，让子<div>中的文字被点击时就会从清单中删除。onclick要调用你的函数并使用关键字this，就像这样：

```
<div onclick = "removeItem(this);">
  羊毛袜
</div>
```

4. 保存这个HTML文件并在浏览器中打开。当你点击第二个项目时，它就会从屏幕上消失。

保存待办事项清单中的项目

贝尔斯通教授现在可以在清单中添加和删除任意项目了。但你可能已经注意到了，如果你刷新一下页面，待办事项清单就清空了。这是因为，到目前为止我们都只是在屏幕上添加或删除HTML元素，并没有保存清单或修改整个HTML文件。如果我们希望浏览器保存我们的清单，就要用到localStorage（本地存储）方法，它也是一个很方便的API。

这个API可以让你保存浏览器中的信息。这样的话，即使刷新或关闭了网页，你还是可以访问相关的数据。就像DOM一样， localStorage也是一个函数集合，它的使用方法同样非常简单。

你要做的就是在代码中输入关键字localStorage（记得使用骆驼拼写法），告诉浏览器你想使用localStorage方法了，并给你想保存的信息取一个名字（最好是英文或拼音的）。使用等号（=）和半角双引号（""）来设置你想保存的信息的值，如下所示：

localStorage关键字　localStorage名称　被保存的信息

```
localStorage.storageName = "信息";
```

如果你想从localStorage中删除一条信息，你只要把它的值清空就可以了，就像这样：

清空信息

```
localStorage.storageName = "";
```

想要查看通过localStorage保存下来的信息，非常简单，只要使用关键字和localStorage名称就可以了，就像这样：

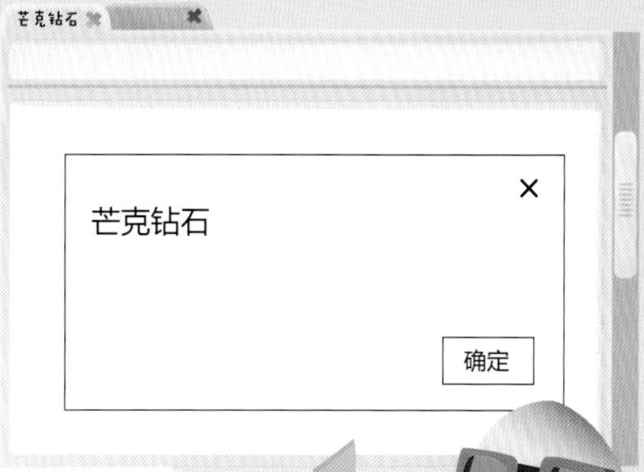


```
<!DOCTYPE html>
<html>
<head>
  <title>芒克钻石</title>
</head>
<body>
  <script>
    localStorage.valuableDiamond = "芒克钻石";
    alert(localStorage.valuableDiamond);
  </script>
</body>
</html>
```

关键字　名称

编码技能 ► 使用localStorage API

我们来使用localStorage方法保存浏览器中的信息。这样的话，贝尔斯通教授在应用程序中列出的清单就能安全地保存下来。

1. 打开文本编辑程序，创建名为**存储.html**的新HTML文件。将这些代码输入新文件的<body>标签中：

```
<!DOCTYPE html>
<html>
<head>
  <title>存储</title>
</head>
<body>
  <input type = "text" id = "box" value = "在此处输入新任务"/><br/>
  <input type = "button" id = "save" value = "保存" onclick = "save();"/><br/>
  <input type = "button" id = "load" value = "加载" onclick = "load();"/><br/>
  保存的项目：<div id = "savedList"></div>
</body>
</html>
```

2. 在<head>标签中编写函数“save”，使用localStorage方法保存输入到文本框“box”中的值。在编写localStorage关键字时，不要忘记使用骆驼拼写法。写好的代码看起来应该像这样：

```
<script>
  function save() {
    var newItem = document.getElementById("box").value;
    localStorage.box = newItem;
  }
</script>
```

学习这项技能时，最好使用360、谷歌或火狐浏览器。

3. 接着在<script>代码块中创建第二个函数“load”，使用getElementById方法来寻找先前创建的空白<div>。然后，用innerHTML属性将<div>标签的值设置为通过localStorage保存下来的信息。这个函数的代码看起来像这样：

```
<script>
   function save() {
      var newItem = document.getElementById("box").value;
      localStorage.box = newItem;
   }
   function load() {
      var savedDiv = document.getElementById("savedList");
      savedDiv.innerHTML = localStorage.box;
   }
</script>
```

4. 保存这个HTML文件并在浏览器中打开它，在文本框中输入文字，然后单击“保存”按钮。

5. 现在单击“加载”按钮，你在文本框中输入的项目就显示在屏幕上了。然后刷新网页，这个项目又从屏幕上消失了。但是你再次单击“加载”按钮时，使用localStorage方法保存的文字又能被浏览器加载出来。

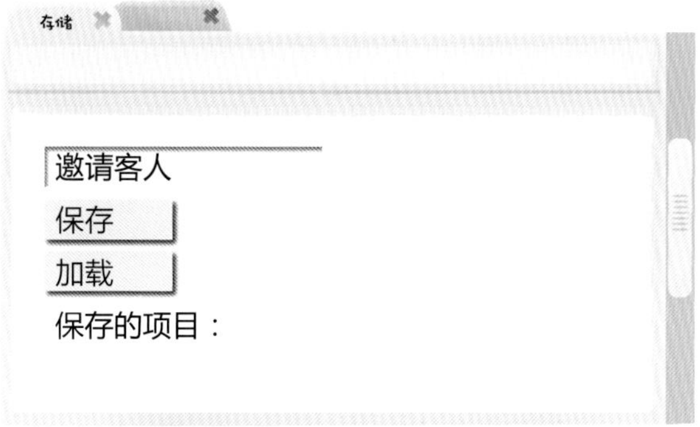

注意到了吗？

拼写localStorage关键字时，我们用的是骆驼拼写法，第一个字母是小写字母，而第二个单词以大写字母开头。

使用localStorage保存和加载元素

现在你已经学会使用localStorage方法了，接下来我们看看怎样用它来保存和加载贝尔斯通教授的应用程序。贝尔斯通教授每次修改清单时，都要用localStorage进行保存。然后，我们还需要写一些代码，让教授打开清单时，清单能从localStorage中加载出来。我们来看看在<script>块中要做哪些修改：

```
<!DOCTYPE html>
<html>
<head>
  <title>待办事项清单应用程序</title>
  <script>
    function addItem() {
      var newItem = document.createElement("div");
      newItem.innerHTML = document.getElementById("box").value;
      newItem.onclick = removeItem;
      document.getElementById("list").appendChild(newItem);
      saveList();
    }
    function removeItem() {
      document.getElementById("list").removeChild(this);
      saveList();
    }
    function saveList() {
      localStorage.storedList = document.getElementById("list").innerHTML;
    }
    function loadList() {
      document.getElementById("list").innerHTML = localStorage.storedList;
    }
  </script>
</head>
<body>
  <p>特别展览待办事项清单</p>
  <input type = "text" id = "box" value = "在此处输入新任务"/>
  <br/>
  <input type = "button" value = "添加事项" onclick = "addItem();"/>
  <div id = "list"></div>
</body>
</html>
```

调用函数“saveList”

调用函数“saveList”

清单被保存到loacalStorage

函数“saveList”

函数“loadList”

保存清单

我们需要使用localStorage创建一个新函数“saveList”来保存清单。首先我们要为我们想存储在localStorage中的信息起一个名字。然后，使用getElementById方法找到<body>中的<div>标签。最后，我们使用innerHTML属性来获取<div>的内容，这些内容都会被保存在localStorage中。

我们希望每次添加或删除一个项目时，清单都能即时保存，所以要让函数“addItem”和“removeItem”每次运行时都会调用函数“saveList”。

加载清单

我们还需要创建一个函数来加载清单。每当函数“loadList”被调用时，它会找到id属性为“list”的<div>标签，然后把这个<div>的innerHTML的值设置为已经保存在localStorage中的内容。

我们需要调用这个函数“loadList”，让浏览器完成加载时，清单也完成加载。同时，为了确保浏览器加载清单时，变量“storedList”已声明过（也就是函数“saveList”运行过），我们必须在加载清单之前使用一个if语句。这个if语句要这样写：

```
<div id = "清单"></div>
<script>
  if(localStorage.storedList) {
    loadList();
  }
</script>
```

调用函数“loadList”

if语句先检查是否有内容已保存在localStorage中，如果有，才调用函数“loadList”。完整的代码块写好后，保存这个文件并在浏览器中打开，你就会发现添加到清单中的项目会被保存起来，即使我们关闭网页后再重新打开，这些项目依然保存着。

如果没有这个if语句，我们保存的清单就不会被加载到应用中。

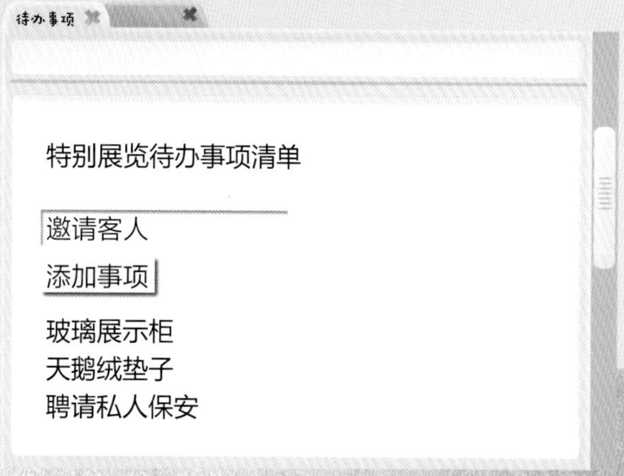

从localStorage中删除元素

我们还要做一件事情，才能让函数“loadList”正常工作。刚才，你在使用待办事项清单应用程序时，你可以通过点击来添加和删除项目；但是，一旦你把localStorage中保存的清单加载出来了，当你再单击清单中的项目时，项目并不能被删除。

这是因为，我们只是把HTML元素保存到了localStorage中，并没有把创建元素时添加的onclick属性也保存起来。因此，我们需要把onclick属性再次添加到每个项目中，这样的话，我们从localStorage中加载清单后，函数“removeItem”仍然可以工作。所以我们需要在函数“loadList”中添加最后一些代码，就像这样：

```
function loadList() {
  document.getElementById("list").innerHTML = localStorage.storedList;
  for(var i = 0; i < list.children.length; i++) {
    list.children[i].onclick = removeItem;
  }
}
```

开始循环

循环的条件

循环运行时执行的步骤

可以看到，我们在函数“loadList”中添加了一个**循环（loop）**。每当我们调用函数“loadList”时，这个循环都会向加载出来的每个项目中添加一个值为函数“removeItem”的onclick属性。它会对我们添加到清单中的每个新HTML元素进行计数，并逐一为它们设置onclick属性。

你会在任务5中了解到更多关于循环的知识。但现在你就应该学习一下，循环分为3个部分。

编程术语

循环是JavaScript中一种特殊的工具，它会重复运行同一块代码。程序员经常用到循环，这样就不用重复输入同样的代码块了。

一个循环包括：

- **开始循环的代码**
- **循环运行的条件**
- **循环运行时要执行的步骤**

任务 3 DIY作业 创建待办事项清单应用程序

现在你得使用在这个任务中学到的所有新技能来创建一个待办事项清单应用程序，贝尔斯通教授将使用这个应用程序来为芒克钻石特别展览做准备。

使用JavaScript、DOM和localStorage API来编写这个应用程序，让贝尔斯通教授可以在清单中添加项目。同时，当他完成一个项目时，也可以单击这个项目，从清单中移除它。

待办事项清单应用程序简介

当你使用HTML、JavaScript以及新的API来编写代码时，一定要完成这些事情：

- **使用DOM，创建一个将项目添加到清单中的函数**
- **使用DOM，创建一个从清单中删除项目的函数**
- **使用localStorage，创建一个保存清单的函数**
- **使用localStorage，创建一个加载清单的函数**
- **创建一个文本框，让用户可以在其中输入文字**
- **创建一个按钮，让用户单击时能将项目添加到清单中**

把你的文件保存在**编程**文件夹中，并命名为**清单应用程序.html**。

翻到下一页，你可以
看到创建这个应用程
序所需的全部代码。

如果你需要帮助，记得
查看配套资源包哦。

```
<!DOCTYPE html>
<html>
<head>
  <title>待办事项清单应用程序</title>
  <script>
    function addItem() {
      var newItem = document.createElement("div");
      newItem.innerHTML = document.getElementById("box").value;
      newItem.onclick = removeItem;
      document.getElementById("list").appendChild(newItem);
      saveList();
    }
    function removeItem() {
      document.getElementById("list").removeChild(this);
      saveList();
    }
    function saveList() {
      localStorage.storedList = document.getElementById("list").innerHTML;
    }
    function loadList() {
      document.getElementById("list").innerHTML = localStorage.storedList;
      for(var i = 0; i < list.children.length; i++) {
        list.children[i].onclick = removeItem;
      }
    }
  </script>
</head>
```

这场特别展览将会非常精彩，我都等不及了！

```
<body>
  <p>沃尔科夫公司</p>
  <p>特别展览待办事项清单</p>
  <br/>
  <input type = "text" id = "box" value = "在此处输入新任务"/>
  <br/>
  <input type = "button" value = "添加事项" onclick = "addItem();"/>
  <br/>
  <div id = "list"></div>
  <script>
    if(localStorage.storedList) {
      loadList();
    }
  </script>
</body>
</html>
```

现在请使用CSS来改变这个应用程序的设计，让它变成这个样子！

编码技能展望

在用HTML、CSS和JavaScript编码时，使用DOM、localStorage这样的API可以创建出更复杂、更具互动性的网页或基于网页的应用程序。现在你可以使用DOM获取浏览器中一些强大的特色功能了。当你的用户与你的网页或应用程序进行互动时，这些功能能帮助你灵活地修改HTML元素。真是棒极了！

任务 4

规划路线

- 学习将其他网页中的内容添加到你的网页中
- 使用Web API在网页中嵌入标记地点后的地图
- 学习查询一个地点的坐标
- 学习<iframe>标签的用法
- 使用百度地图来规划一条路线

任务简介

亲爱的程序员：

我们坐了很久的火车后终于到达了莫斯科，您一定很高兴听到这个消息。现在我们藏在一个隐秘的地方，因为我们不想让人（除了沃尔科夫先生）知道我们带着芒克钻石到达了这个城市。沃尔科夫先生已经来探望过我们了，他是一个很有魅力的人，我很荣幸帮他找到了丢失的宝石。

为了筹备特别展览，沃尔科夫先生和贝尔斯通教授着实忙活了一阵。你的应用程序发挥了很大作用，到目前为止，一切都在按计划进行。但还有一件事，是贝尔斯通教授和沃尔科夫先生没有考虑到的：怎样才能安全地把钻石从我们的秘密基地运到沃尔科夫公司?

邦德兄弟非常猖狂，他们会伏击并抢劫运输贵重珠宝的货车。我将“探险家百科”中的一则条目发送给您，您看完就会明白我的意思。我们可以亲自将钻石送到店里去，但贝尔斯通教授是一位著名人物，我担心我们俩一起行动会引起人们的注意，甚至让人发现展览计划。

所以，我们认为，最佳方案是由我把钻石带到附近的**高尔基公园**，沃尔科夫先生的安保队长会在那里等我，然后我们一起把钻石带到毗邻**圣瓦西里大教堂**的沃尔科夫公司*。您可以帮我们规划一条路线来穿过这个城市吗？一个嵌有地图的网页会非常有用。如果我们迷了路或者被邦德兄弟骗到错误的路线上，那就太可怕了。我们绝对不能再失去芒克钻石！

再次感谢您对我们的帮助。现在万事俱备，只欠东风了。我们已经印刷了展览邀请函，准备寄给客人了，您也会收到一份！

在我们的秘密基地送上最诚挚的祝福！

鲁比 · 戴博士

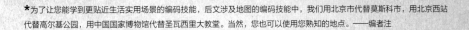

*为了让您能学到更贴近生活实用场景的编码技能，后文涉及地图的编码技能中，我们用北京市代替莫斯科市，用北京西站代替高尔基公园，用中国国家博物馆代替圣瓦西里大教堂。当然，您也可以使用您熟知的地点。——编者注

探险家百科
每个冒险者的指南

主页
目录
重大发现
著名探险家
历史性探险事件

邦德兄弟抢劫案

来自探险家百科——每个冒险者的指南

如需查看其他宝石盗贼，请参阅著名宝石盗贼。

邦德兄弟抢劫案是由一个叫作邦德兄弟的珠宝盗窃团伙策划执行的一系列珠宝盗窃大案。大部分遭到他们洗劫的珠宝再也没有出现过。通常，一桩盗窃案发生后不久，被盗的珠宝就会在黑市上售卖，但邦德兄弟似乎将所有的赃物都藏在了一个极其隐密的藏匿点。

尊敬的阁下：

诚挚邀请您于6月21日19：00莅临莫斯科市圣瓦西里大教堂旁的沃尔科夫公司总部，参加沃尔科夫公司举办的一场特别展览。

您将受邀与著名的贝尔斯通教授、戴博士以及欧内斯特会面。届时，他们将发布一项在最近的探险活动中获得的惊人发现。

专此奉达，并请暑安！

维克托·沃尔科夫

国际刑警组织了解到这个团伙有3名核心成员，他们的绰号分别是：无影手莱特、珠宝狂杰玛和闪亮托尼。另外还有一些成员，会协助他们挑选目标、逃离案发现场以及藏匿被盗的珠宝。

该团伙中还有一名熟练的网络犯罪分子，他能黑入政府的数据库。在这个团伙实施的所有抢劫案中，作案期间目标周围的监控摄像头都失效了。

邦德兄弟除了抢劫奢侈精品店外，还会抢劫运送珠宝的货车和摩托车。在抢劫前，他们会伪装成道路施工人员，用假的路标将司机引入死路。

这个团伙之所以屡屡得手，很大程度上是因为他们会不断变换作案策略。没有哪两次抢劫手法是重复的，这让警方很难预测他们的下一次行动。

使用Web API添加内容

你已经阅读了任务简介，知道戴博士需要什么帮助了，那我们现在就开始编程吧！这项任务与你之前完成的3项有所不同，但不用担心，利用网络资源来创建网页或应用程序有个最大的好处，就是不用自己一个人埋头苦干。

要在网页中**嵌入（embedded）**一个地图看起来极具挑战性，但我们没有必要从头编写一份地图。我们要做的是编写一些代码来调用互联网上的一个URL（统一资源定位符，是互联网上标准资源的地址），而被调用的这个URL里有我们需要的地图。程序员把这个过程叫作“将一个网页集成到另一个网页”。

当我们想把其他网站集成到自己的网页上时，就要编写一些代码，让我们的页面连接到已保存了其他网站的Web服务器。然后我们就可以在需要时访问服务器上的数据了。

编程术语

当一段新的内容插入到我们现有的网页中时，我们就说这段内容被**嵌入**到了页面中，嵌入的内容就成了页面的一部分。

Web API

你已经知道了API是什么，并且在任务3中学会了使用两个API：DOM API和localStorage API，这些API可以让你应用一些便捷的内置功能。API有很多种形式，在目前这个任务中嵌入地图所要用到的API会跟我们之前用到的有所不同。

用于集成其他网站的API有时被称为“Web API”或“Web服务”。它们可以让你获取其他网站的内置属性和函数，因此你可以在页面中添加本不属于你的页面的内容而且不必编写大量的代码。

在你创建网站时你可以使用Web API完成许多不同的工作。你可能已经在一些网站上遇到过部分Web API了，它们能让你做到这些事情：

- **在微信朋友圈中点赞**
- **在淘宝上收藏商品**
- **在爱奇艺上分享视频**
- **在美团上订外卖时选择菜品**

Web API让每个人都能快捷轻松地建立又好又复杂的网站。要在网页中嵌入一张标示地点的地图并规划一条路线，我们就要用到地图Web API。

互联网上有一些网站允许你把它们的地图嵌入到你的网页中，而且大部分是免费的。在中国最受欢迎的地图Web API之一是由百度公司运营的百度地图。

我们将学习使用百度地图为戴博士和沃尔科夫的安保队长规划一条最佳路线。你以前可能用过百度地图来查找地点，但这次要学习用它来编写你自己的地图，并把它嵌入到你的网页中。

地图Web API

在百度地图Web API提供的服务中，某些服务比如静态图，需要你拥有一串特别的号码，即API密钥。想要获得API密钥，你首先需要有一个百度账号，你可以通过访问以下网站注册你的百度账号：

```
https://passport.baidu.com
```

注册成功并登录后，你就可以访问以下网站申请你的百度地图API密钥：

```
http://lbsyun.baidu.com/apiconsole/key/create
```

在注册和申请时，请一定要阅读网站上的提示、协议和声明。

但是，百度地图Web API提供的有些服务如地图标点，并不需要你申请API密钥，只需要你提供指定地点的坐标（纬度和经度）就行了。坐标都由两个数字组成，一个代表地点的纬度，一个代表地点的经度。在百度地图Web API提供的大多数服务中，你必须将纬度数据写在前面，经度数据写在后面，中间用半角逗号隔开。

你知道吗？

凡是从电子地图上查得的坐标都不是真实的地理坐标。因为出于安全考虑，中国要求所有电子地图都必须经过加密处理，让坐标有所偏移。中国通行的坐标系统是中国国家测绘局制订的GCJ02坐标系，而国际通行的坐标系统是WGS84坐标系（也是GPS全球卫星定位系统使用的坐标系）。至于百度地图坐标系BD09，则是在GCJ02坐标系基础上再次加密生成的。

编码技能 ► 查询一个地点的百度坐标

我们来学习一下如何查询一个地点的百度坐标，在后面学习嵌入一个标点后的地图时，你就会用到查得的这个坐标。

1. 访问百度地图坐标拾取系统。在你的浏览器中输入这个链接：

```
http://api.map.baidu.com/lbsapi/getpoint/index.html
```

网页就会跳转到这样的页面：

2. 在“请输入关键字进行搜索”的搜索框中，输入你想查询的地点名称，如“中国国家博物馆”，并点击搜索框右侧的按钮。

3. 接着地图就会跳转到北京市，并在地图上标注出多个红点。右侧的搜索结果栏中也会列出所有与搜索关键字“中国国家博物馆”有关的地点信息。

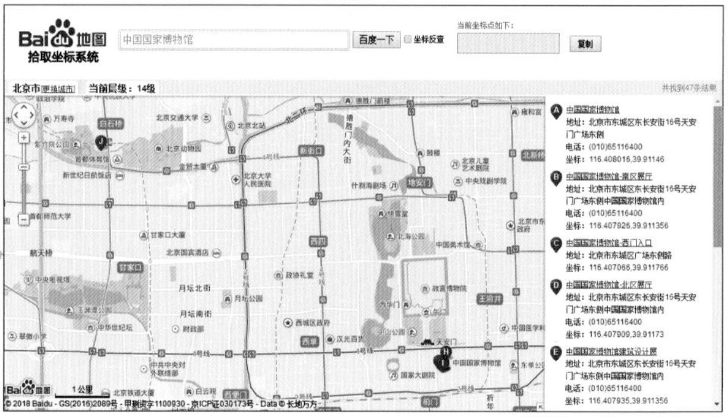

4. 在搜索结果栏列出的结果中，点击你确认要查询的地点，地图上对应的红点上就会弹出含有具体地址、电话、坐标等信息的方框，同时右上角的坐标点显示框内也会显示出该地点的坐标。这时，你只要点击“复制”按钮，就可以把这个坐标数据粘贴到需要的地方了。

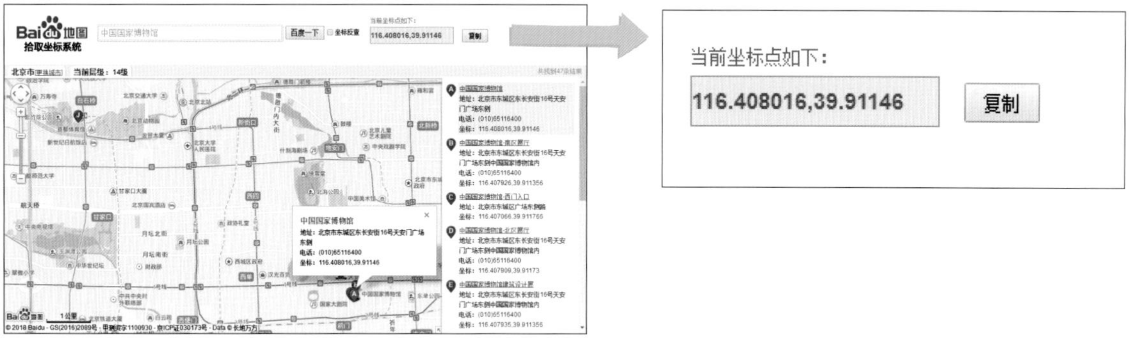

5. 请注意，你查得的坐标数据是经度在前，纬度在后。在编写代码时，通常你需要将这两个数据互换位置，改为纬度在前，经度在后，否则你的代码会无法运行。因此，你可以先将这个坐标数据复制并粘贴到文本编辑器中，然后互换经度和纬度数据的位置，再把它作为文本文件保存到你的**编程**文件夹中，并命名为**坐标数据.txt**。在接下来需要使用坐标数据时，你就可以直接复制这个坐标数据到需要的地方了。

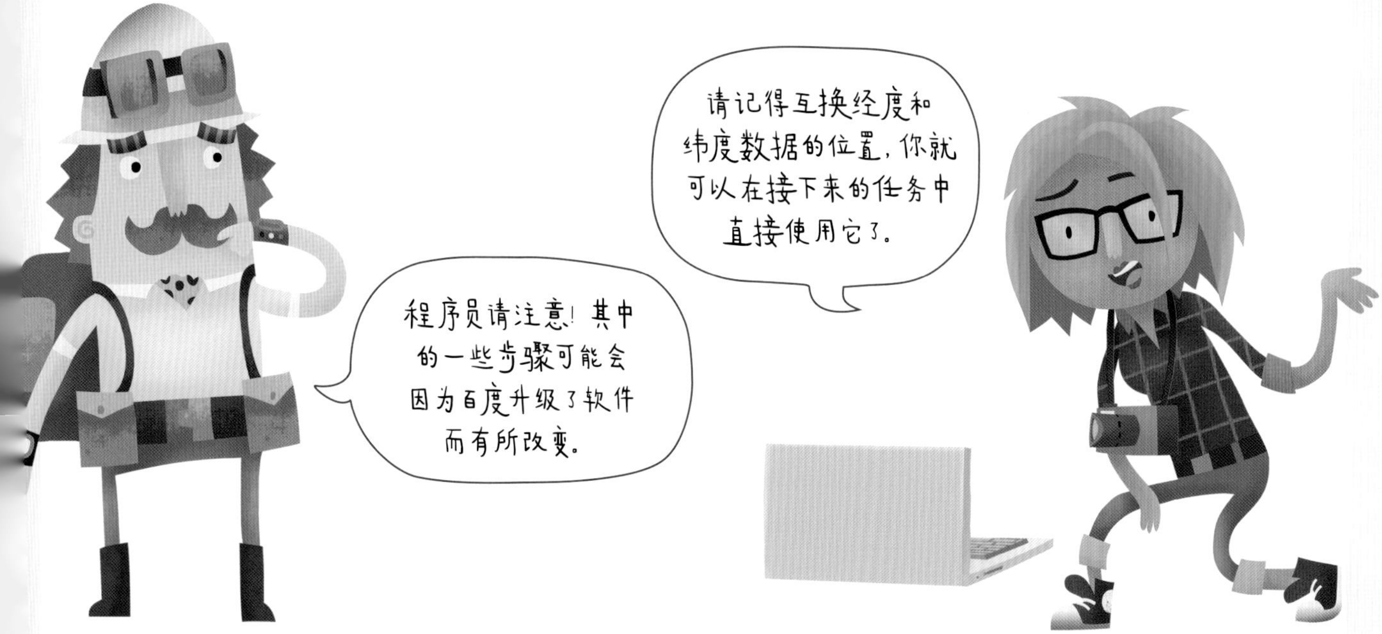

如何嵌入内容

你已经了解什么是嵌入，也学会了查询一个地点的坐标，现在我们可以开始为戴博士制作网页了。首先我们要学习如何在我们的网页中嵌入其他网站的内容。为此，我们需要学习一些新的HTML标签和属性。

<iframe>标签：<iframe>和</ iframe>

想要在页面中添加百度地图，就要用到一个叫作<iframe>的新HTML标签，它的开始标签是<iframe>，结束标签是</iframe>。这个标签可用于创建内联框架（inline frame），如果你想在你的网页中嵌入其他网站的内容，它就是一种非常有用的方式。这个标签还有一些属性供你使用，用来改变嵌入式内容的显示方式。

标签里第一个必须写出的属性是src（源）属性，我们在任务1中曾经使用过它。src属性会告诉浏览器你想要嵌入哪一块内容，并且它的值要以URL形式输入。当你要集成网站时，URL中的信息对你的浏览器来说非常重要。现在我们以《开始编程！》图书详情页为例，来看一下怎么使用<iframe>标签：

```
<!DOCTYPE html>
<html>
<head>
  <title>开始编程！</title>
</head>
<body>
  <iframe src = "http://www.hinabook.com/product/GETCODING.html">
  </iframe>
</body>
</html>
```

src属性

<iframe>

URL

如果我们把《开始编程！》的图书详情网页作为URL，这个网页的一部分就会被嵌入到你的网页中。但是这个嵌入的页面尺寸太小，我们很难看清楚。所以你需要在<iframe>的开始标签中设置一些属性来修改嵌入页面的大小、形状和外观。你可以使用这些属性：

属性名称	用途	值的示例
src（源）	提供你想要嵌入的内容的URL	http://www.bing.com
width（宽度）	设置<iframe>的最大宽度	600px（像素）；20%
height（高度）	设置<iframe>的最大高度	600px
frameborder（框架边框）	设置<iframe>周围边框的粗细	0px；4px
style（样式）	使用CSS属性和值来设置<iframe>的样式	border: 0px

现在来看一下如何使用这些属性来改变我们的<iframe>标签和嵌入式内容的外观。请记住这些属性要添加在开始标签中，就像这样：

```
<!DOCTYPE html>
<html>
<head>
  <title>开始编程! </title>
</head>
<body>
  <iframe
    width = "350px"
    height = "350px"
    frameborder = "0px"
    style = "border: 0px"
    src = "http://www.hinabook.com/product/
      GETCODING.html">
  </iframe>
</body>
</html>
```

width属性

height属性

frameborder属性

style属性

开始编程!
开始编程!

在这里我们把宽度属性和高度属性设置成同样的大小，所以<iframe>标签就变成了一个正方形。我们把frameborder属性和CSS边框属性都设置为0像素，所以<iframe>标签就没有边框地融入到了页面中——通常我们都将<iframe>标签设置成这样，让嵌入的内容看起来就像页面自身的一部分。

这个〈iframe〉标签
还真是有用!

► 使用<iframe>标签

现在，你已经了解了<iframe>标签及其工作原理，接下来我们要用这个标签和它的属性来修改嵌入到网页中的内容的显示方式。

1. 打开文本编辑程序，创建一个名为**内联框架.html**的新HTML文件。在页面的<body>标签中添加<iframe>的开始标签和结束标签，就像这样：

```
<!DOCTYPE html>
<html>
<head>
  <title>内联框架</title>
</head>
<body>
  <iframe>
  </iframe>
</body>
</html>
```

2. 在<iframe>开始标签中设置一些属性，包括height属性、width属性、frameborder属性和style属性，就像这样：

```
<body>
  <iframe
    width = "350px"
    height = "350px"
    frameborder = "0px"
    style = "border: 0px">
  </iframe>
</body>
```

3. 最后添加src属性，并将其值设置为你喜欢的网站的URL，就像这样：

```
<iframe
  width = "350px"
  height = "350px"
  frameborder = "0px"
  style = "border: 0px"
  src = "https://www.bing.com">
</iframe>
```

4. 保存这个HTML文件并在浏览器中打开，你喜欢的网站就被嵌入到网页中了。现在尝试改变<iframe>标签的高度和宽度，看看嵌入的内容会发生什么变化吧。

任务简介

亲爱的程序员：

昨天，芒克钻石被安全送到了沃尔科夫公司，戴博士和我非常感谢您为我们规划了路线。一切进行得还算顺利，不过戴博士一度认为有个戴着大帽子的大胡子男人可能在跟踪他们。尽管这个男人很快就消失了，但戴博士还是有些受惊。谢天谢地，钻石总算安全送到了。

它被放在新的玻璃展示柜里，在天鹅绒垫子的衬托下，看起来璀璨夺目！刚才，宴客的点心也准备妥当了，这是清单上的最后一项任务。我们已经为今晚展览的隆重开幕做好了所有准备。

自从发生巨石事件后，我就一直担心我们的安保措施。我知道我们已经非常小心地保守发现芒克钻石的秘密，您也为我们做了大量的工作，给网页创建了密码，但我还是担心邦德兄弟仍在追踪我们（别忘了，他们之中有一个老练的网络罪犯分子）。我最担心的是他们会再次破坏展览并偷走钻石。

我有一个老朋友，她在伦敦最著名的博物馆工作。最近她告诉我，她用一款电脑游戏来训练新的安保团队，效果十分显著。我本来不太相信她，但她向我展示了训练数据，数据表明，玩游戏之后，团队成员的反应时间明显缩短了，他们对博物馆中可疑情况做出反应的速度要比玩游戏前快得多。

我想知道，您能不能帮我制作一款游戏来测试沃尔科夫公司安保团队的反应速度？今天下午我忙得不可开交，现在还要去给欧内斯特买个新领结，所以非常希望您能帮我这个忙。后面我附上了我在“探险家百科”网站上撰写的私人条目，里面含有关于展览的机密信息，所以请不要与任何人分享。

再次感谢您的大力帮助！从繁华的莫斯科送上温馨的祝福。

哈里 · 贝尔斯通教授

探险家百科

每个冒险者的指南

主页

目录

重大发现

著名探险家

历史性探险事件

沃尔科夫公司安保团队

来自探险家百科——每个冒险者的指南

这是一条限制访问的私人条目。点击此处可访问沃尔科夫公司公共条目。

沃尔科夫安保团队负责保护沃尔科夫公司私家珍藏中的贵重珠宝。

自从芒克钻石失窃后，店里陈列的珠宝就保存在一个上锁的柜子里，柜子所用的强化玻璃的强度是普通玻璃的200倍。

5

安保训练游戏规则

- 屏幕上每秒钟会显示6个人
- 5个是客人，1个是小偷
- 如果你点击小偷，就得到1分
- 如果你点击客人，就扣掉2分
- 总共测试6次
- 游戏的目标是点中6个小偷，得到6分

受失窃案刺激，公司所有人维克托·沃尔科夫培训了一支安保团队，来防范行迹可疑的客户。去年几个小偷企图用万能钥匙打开展示柜，都被当场抓获。

沃尔科夫先生举办的芒克钻石特别展览将是迄今为止沃尔科夫公司最受瞩目的活动，为此，沃尔科夫先生决定就展览开幕夜的安全策略问题向贝尔斯通教授请教。

在邦德兄弟以往实施的盗窃中，经常使用伪装。所以，沃尔科夫先生和贝尔斯通教授担心邦德兄弟中的成员会伪装成客人潜入展览现场。

目前决定采取的措施是利用李教授为伦敦博物馆开发的方法。实践证明，这款规则简单的电脑游戏可以有效缩短安保团队成员对可疑情况的反应时间。

这款游戏需要尽快制作出来，让安保团队在特别展览开幕前得到适当的训练。

制作一款游戏

你已经读过了任务5的简介，现在就准备制作游戏吧。这个任务与你前面完成的任务略有不同，你要在完成这个任务的过程中一步步制作出这款游戏。请跟着下面的步骤学习并复制代码，这样才能及时地为贝尔斯通教授制作出游戏。

1.创建一个HTML文件

就像在其他任务中一样，我们要做的第一件事是创建一个新的HTML文件。把这个新文件命名为**安保游戏.html**。把这些代码输入你的文本编辑程序中：

```
<!DOCTYPE html>
<html>
<head>
  <title>安保游戏</title>
</head>
<body>
</body>
</html>
```

将这个HTML文件保存到你桌面上的**编程**文件夹中。

2.创建游戏面板

现在我们来搭建游戏的基本结构。我们要在网页中创建一个游戏面板，它是游戏在浏览器中运行的区域。当安保人员玩游戏时，客人和小偷将会出现在游戏面板中。

在页面的<body>标签里写一个空的<div>标签，给这个标签添加一个id属性。编写好后，你的<body>代码块应该像这样：

```
<body>
  <div id = "board">
  </div>
</body>
```

id属性

然后在你的<head>标签中添加一个CSS类，用来改变<div>标签的外观。使用CSS选择器中的id选择器，通过id属性来找到你的<div>标签。CSS选择器是为各组元素设置风格的便捷工具，其中id选择器的用法很简单，只要在编写类名时以“#”开头并加上你想修饰的HTML元素的id属性就行了。

创建一个名为“board”的CSS类，用来将你的<div>标签的CSS属性和值设置成这样：

游戏面板要求：

- **1像素的黑色实线边框**
- **灰色的背景**
- **350像素的高度**
- **650像素的宽度**

你要写在<head>标签中的CSS类的代码看起来应该像这样：

这很像任务1中的CSS元素选择器，也像任务3中的CSS type属性选择器。

CSS id选择器

```
<head>
  <title>安保游戏</title>
  <style>
    #board {
      border: 1px solid black;
      background-color: gray;
      height: 350px;
      width: 650px;
    }
  </style>
</head>
```

保存这个HTML文件并在浏览器中打开，你会在屏幕上看见一个灰色的空游戏面板。

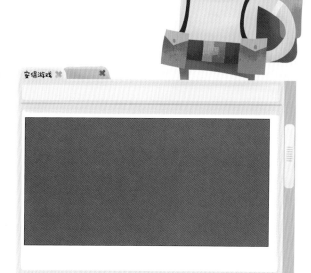

3.添加一个按钮

现在我们有了一个游戏面板，但还需要在页面上添加一个按钮。当玩家点击按钮时，游戏代码就会运行，游戏就开始了。

在<body>中的<div>标签上方添加一个按钮，就像你在任务3中做的那样，用<input/>标签并加上type和value属性来创建这个按钮。给<input/>标签设置一个onclick属性来调用一个叫作“startGame”的JavaScript函数，这个函数将能启动游戏。按钮的代码看起来应该像这样：

```
<input type = "button" value = "开始游戏！ " onclick = "startGame()";/>
```

现在创建点击按钮时会调用的函数“startGame”。在<body>中的<div>标签下方添加这个函数。这个<script>代码块应该像这样：

```
<script>
  function startGame() {
  }
</script>
```

现在文本编辑程序中的完整代码变成了这样：

```
<!DOCTYPE html>
<html>
<head>
  <title>安保游戏</title>
  <style>
    #board {
      border: 1px solid black;
      background-color: gray;
      height: 350px;
      width: 650px;
    }
  </style>
</head>
<body>
  <input type = "button" value = "开始游戏！ " onclick = "startGame()";/>
  <div id = "board">
  </div>
  <script>
    function startGame() {
    }
  </script>
</body>
</html>
```

按钮

调用函数

JavaScript函数

保存这个HTML文件并在浏览器中打开它，你会在屏幕上看到你的按钮。不过你点击按钮时什么都不会发生，因为我们还没给函数“start-Game”编写代码。

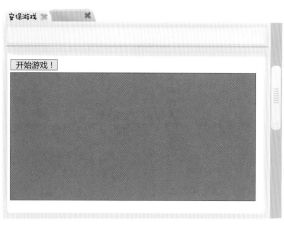

4.创建一个JavaScript计时器

我们的游戏将被用来测试沃尔科夫安保团队成员的反应时间。为了让游戏运行起来，我们需要学习使用JavaScript来让一段代码在一段时间后重复运行，这个JavaScript工具叫作计时器。

JavaScript有一个内置的计时器函数，叫作setTimeout，它允许你在给定的一段时间后调用一个函数。你要做的就是给setTimeout函数设置两个参数：你要调用的函数的名称以及时间间隔。在任务2中我们学到，向函数传递参数时，要将参数放在一对半角括号中。这次我们要给函数传递两个参数，我们来看看如何应用setTimeout在一段时间后调用函数。

在这个例子中函数“ga-meTimer”将会在1秒钟（即1000毫秒）后被调用。

注意到了吗？

setTimeout函数中使用毫秒来计时。1秒钟等于1000毫秒，要计算出你需要的毫秒数，就要用秒数乘以1000。所以，假设你希望函数在3秒钟后被调用，你就要用3乘以1000，结果是3000。

编码技能 ► 使用setTimeout函数

setTimeout函数这类JavaScript计时器在制作游戏时非常有用。下面我们试用一下setTimeout函数，看看它是怎么工作的。在后续的任务中我们还会把它添加到游戏里。我们先来编写一个程序，让它每秒统计一个数字。

1. 打开你的文本编辑程序，创建一个名为**计时器.html**的新HTML文件，在其中输入这些代码：

```
<!DOCTYPE html>
<html>
<head>
  <title>计时</title>
</head>
<body>
  <div id = "number">
  </div>
</body>
</html>
```

2. 在<head>标签中添加<script>标签，在<script>块中创建一个变量，并用赋值运算符（=）将它的值设置为0，就像这样：

```
<head>
  <title>计时</title>
  <script>
    var count = 0;
  </script>
</head>
```

3. 创建一个名为“updateCount”的函数。每次调用这个函数时，它就会通过加法运算符（+）给变量的值加上1。然后使用getElementById方法来查找id属性为“number”的<div>标签，并使用innerHTML属性将<div>标签的内容设置成变量的值。你的代码看起来应该像这样：

```
<script>
  var count = 0;
  function updateCount() {
    count = count + 1;
    document.getElementById("number").innerHTML = count;
  }
</script>
```

加1

更新屏幕上的值

找到<div>标签

4. 现在我们需要在<body>标签中添加函数调用，要像这样编写：

```
<body>
  <div id = "number">
  </div>
  <script>
    updateCount();
  </script>
</body>
```

5. 最后我们必须添加一个计时器，这个计时器每隔1秒调用一次<script>块中的函数。这里就要使用setTimeout函数，我们要把函数名和毫秒数作为参数传递给setTimeout函数。最后我们的<script>块代码看起来是这样的：

```
<script>
  var count = 0;
  function updateCount() {
    count = count + 1;
    document.getElementById("number").innerHTML = count;
    setTimeout(updateCount, 1000);
  }
</script>
```

每秒调用1次“updateCount”函数

保存这个HTML文件并在浏览器中打开，你会看到计时器开始工作了。setTimeout函数每秒会调用1次“updateCount”函数，这个函数运行时，变量的值每秒会加上1，浏览器中的数字就会随之自动更新。

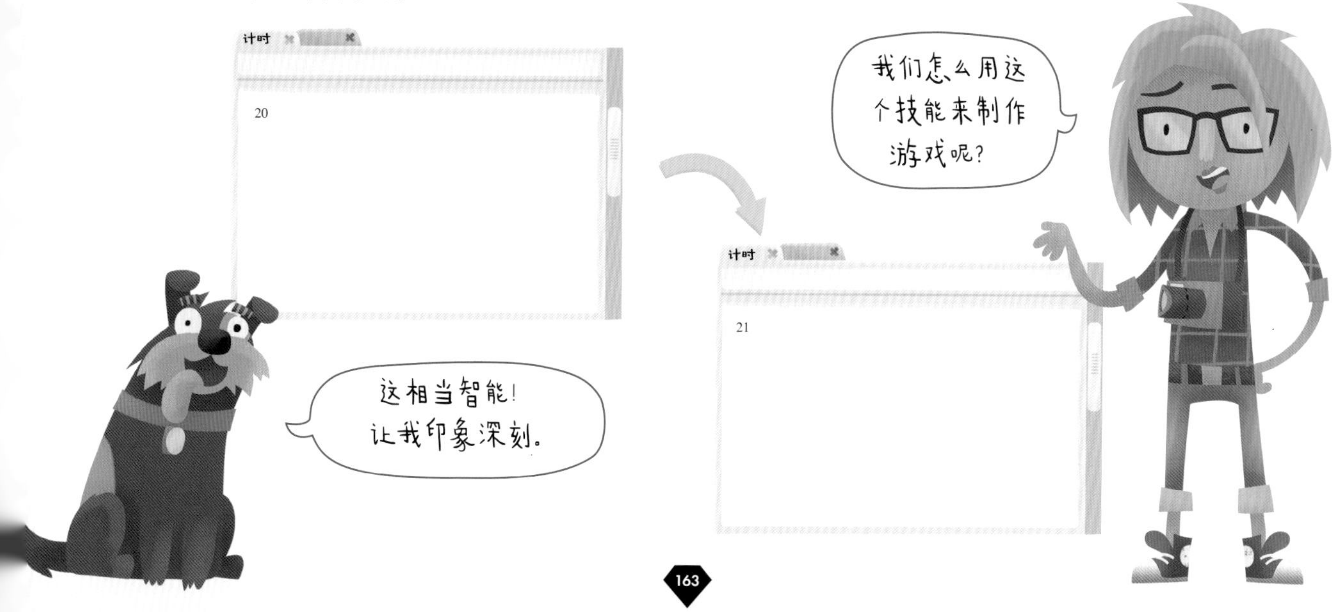

计时
20
计时
21
我们怎么用这个技能来制作游戏呢？
这相当智能！让我印象深刻。

5. 创建游戏循环

制作游戏是编码中最困难的事情之一。你可以使用很多不同的方式来制作游戏，而比较常用的做法是使用游戏循环。在任务3中我们已经使用过一个循环，现在我们要学习更多关于它的知识了。

游戏循环是一种JavaScript函数，它会在游戏运行时被重复调用。你可以使用游戏循环来检查玩家是否完成了某事，或者在屏幕上呈现一个HTML元素，以及运行游戏代码。

我们可以使用内置函数setTimeout来创建一个游戏循环。比如，我们在<script>标签中添加一个新函数，让它每隔3秒就在屏幕上弹出一个警告。我们就把这个新函数叫作“gameLoop”吧。当按钮被点击时，就调用这个函数。下面我们来看看编好的代码块：

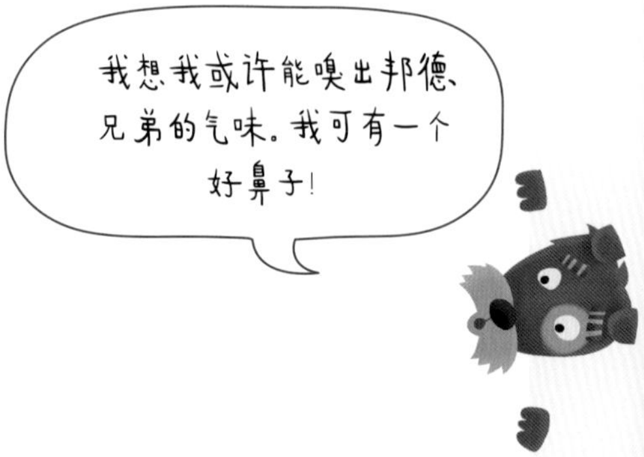

我想我或许能嗅出邦德兄弟的气味。我可有一个好鼻子！

```
<!DOCTYPE html>
<html>
<head>
    <title>安保游戏</title>
    <style>
      #board {
        border: 1px solid black;
        background-color: gray;
        height: 350px;
        width: 650px;
      }
    </style>
</head>
<body>
    <input type = "button" value = "开始游戏！ " onclick = "startGame()";/>
    <div id = "board">
    </div>
    <script>
      function startGame() {
        gameLoop();
      }
      function gameLoop() {
        alert("游戏结束！ ");
        setTimeout(gameLoop, 3000);
      }
    </script>
</body>
</html>
```

调用函数

函数

警告

计时器

毫秒数

完成这些修改后，保存文件并在浏览器中打开。当你点击按钮时就会调用函数“start-Game”，这时游戏循环就开始运行。函数“gameLoop”每3秒就会被调用1次，每次都会弹出一个警告。警告弹出后，如果你点击警告框中的“确定”按钮，警告就会消失，但3秒后又会继续弹出来。

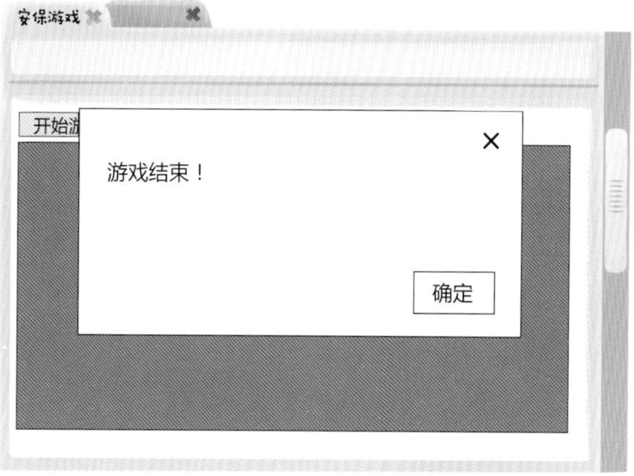

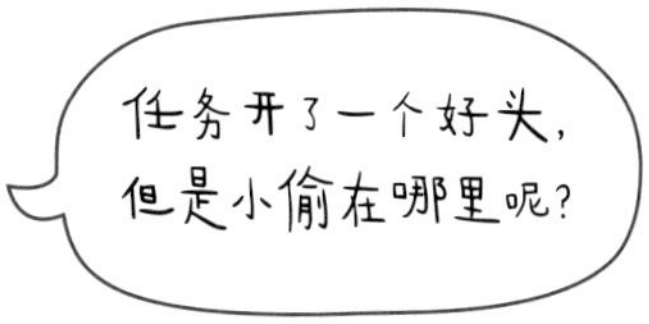

任务开了一个好头，
但是小偷在哪里呢？

6.把客人和小偷添加到游戏面板上

现在你已经编写好了游戏面板、按钮和游戏循环，下面要在游戏中添加人物了。我们希望每秒有6个人物闪烁在屏幕上各个地方，其中5个人物代表客人，1个代表小偷。安保团队要不断点击屏幕上的小偷，以此测试他们的反应时间。

我们开始在游戏面板中创建人物，每个人物都要有自己的<div>标签。所以我们在游戏面板的<div>标签中再创建6个<div>标签，并给它们编号，从1到6，就像这样：

```
<div id = "board">
   <div>1</div>
   <div>2</div>
   <div>3</div>
   <div>4</div>
   <div>5</div>
   <div>6</div>
</div>
```

保存代码并刷新页面，你会看到6个<div>标签的内容显示在了游戏面板中：

接下来使用CSS改变<div>标签的设计和布局。创建一个名为“character”的CSS类，用来把<div>标签变成正方形的蓝色框。在你的文本编辑程序中，把这个新的CSS类添加到<head>里的<style>标签中。现在，完整的<style>代码块应该像这样：

```
<!DOCTYPE html>
<html>
<head>
  <title>安保游戏</title>
  <style>
    #board {
      border: 1px solid black;
      background-color: gray;
      height: 350px;
      width: 650px;
    }
    .character {
      background-color: lightblue;
      width: 120px;
      height: 120px;
      padding: 10px;
      margin: 10px;
      float: left;
    }
  </style>
</head>
```

新的CSS类

注意到了吗？

我们在代码中用到了float（浮动）CSS属性，这个属性可以让<div>标签相互对齐。

然后，与在任务1中的操作一样，用类属性把CSS类“character”应用于6个<div>标签。最后<body>代码块变成了这样：

```
<body>
  <input type = "button" value = "开始游戏！" onclick = "startGame()";/>
  <div id = "board">
    <div class = "character">1</div>
    <div class = "character">2</div>
    <div class = "character">3</div>
    <div class = "character">4</div>
    <div class = "character">5</div>
    <div class = "character">6</div>
  </div>
  <script>
    function startGame() {
      gameLoop();
    }
    function gameLoop() {
      alert("游戏结束！");
      setTimeout(gameLoop, 3000);
    }
  </script>
</body>
```

类属性

现在看起来才像一个游戏嘛！

保存代码并刷新网页，你会看到CSS属性已经应用于<div>标签了。

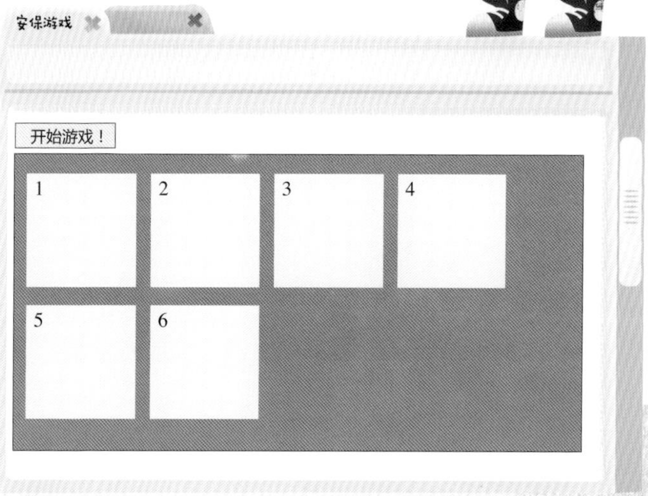

啊，有什么东西弄得我的鼻子好痒！

7.使用游戏循环来停止游戏

现在我们已经把“character”添加到了游戏面板中，但还需要对游戏循环做些修改。目前它每3秒都会弹出一个警告，我们要修改循环，使它在运行一段时间后停止，并在停止时才弹出一个警告。我们可以通过设定循环的次数来结束循环，即循环运行了设定的次数后，游戏就结束了。

我们先要创建一个变量来保存循环次数，让函数“gameLoop”每调用一次，这个变量的值就增加1。在这里我们创建一个名为“loops”的变量，并把它的值设为0。把这个变量添加在<script>标签中函数“gameLoop”之前，就像这样：

```
<script>
  function startGame() {
    gameLoop();
  }
  var loops = 0;
  function gameLoop() {
    alert("游戏结束！");
    setTimeout(gameLoop, 3000);
  }
</script>
```

变量

我们将会在函数“gameLoop”中用到它，每当函数“gameLoop”被调用一次，这个变量的值就增加1，因此，代码可以写成这样：

```
loops = loops + 1;
```

实际上我们也可以用一个新的更简便的JavaScript运算符来实现同样的指令。这个运算符叫作累加运算符（++），它的用法与我们在任务2中学到的运算符一样，我们可以用它来给变量的值加1。因此，代码也可以写成这样：

累加运算符

```
loops++;
```

我们可以在函数“gameLoop”中使用累加运算符（++）来计算“gameLoop”被调用的次数。在函数“gameLoop”中把警告代码删掉，替换成新的代码，就像这样：

```
function gameLoop() {
  loops++;
  setTimeout(gameLoop, 3000);
}
```

```
<body>
   <input type = "button" value = "开始游戏！" onclick = "startGame()";/>
   <div id = "board">
      <div class = "character">1</div>
      <div class = "character">2</div>
      <div class = "character">3</div>
      <div class = "character">4</div>
      <div class = "character">5</div>
      <div class = "character">6</div>
   </div>
   <script>
      function startGame() {
         gameLoop();
      }
      var loops = 0;
      var peopleVisible = false;
      function gameLoop() {
         peopleVisible = !peopleVisible;
         flashCharacters();
         loops++;
         if(loops < 12) {
            setTimeout(gameLoop, 3000);
         }
         else {
            alert("游戏结束！");
         }
      }
      function flashCharacters() {
         var board = document.getElementById("board");
         var classToSet = peopleVisible ? "character visible" : "character hidden";
         for(var index = 0; index < 6; index++) {
            board.children[index].className = classToSet;
         }
      }
   </script>
</body>
</html>
```

调用函数

简化的if语句

但是哪些人物代表客人，哪个人物又代表小偷呢？

翻到下一页，创建人物！

12.创建人物小偷

在我们的游戏中，人物每3秒就会在屏幕上出现和消失一次。我们现在要做的是让游戏循环每次运行时，人物的位置都能发生改变。在游戏面板上，所有人物每隔3秒钟就要移动到另一个地方，另外我们还要选择一个人物来作为小偷。

我们首先要编写一个新函数“createCharacters”，在游戏循环每次运行时，这个函数就会将一组新人物设置在不同位置上。我们先在函数“gameLoop”中写下这个函数调用，就像这样：

```
function gameLoop() {
  peopleVisible = !peopleVisible;
  createCharacters();
  flashCharacters();
  loops++;
  if(loops < 12) {
    setTimeout(gameLoop, 3000);
  }
  else {
    alert("游戏结束！");
  }
}
```

函数调用

然后在函数“人物闪烁”前编写新函数“createCharacters”的代码：

```
function createCharacters() {
  var board = document.getElementById("board");
  for(var index = 0; index < 6; index ++) {
    board.children[index].innerHTML = "客人";
  }
}
```

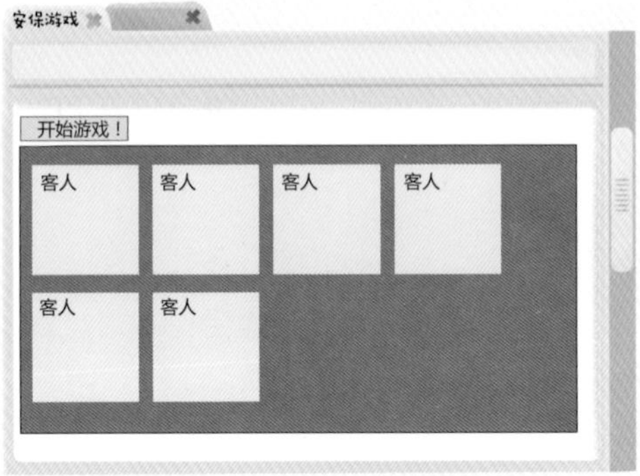

这与我们先前编写的函数“flashCharacters”非常相似。但这一次，我们使用了在任务3中用过的innerHTML，并把每个人物<div>标签的值都设置成了“客人”。

保存这个HTML文件并刷新页面。现在，当你点击“开始游戏！”按钮时，你就会看到<div>标签中的每个人物都被标记为“客人”了。

接下来我们要在函数“createCharacters”中添加一些代码，在游戏循环每次运行时，这些代码会在<div>标签里的6个人物中随机挑选1个变成小偷。为此我们需要编写一段能产生随机数的代码。JavaScript中没有简单的方法可以产生随机数，所以下面这段代码会比较复杂。请在函数“createCharacters”的末尾仔细输入这些新代码，就像这样：

```
function createCharacters() {
  var board = document.getElementById("board");
  for(var index = 0; index < 6; index ++) {
    board.children[index].innerHTML = "客人";
  }
  var randomNumber = Math.floor(Math.random() * 6) + 1;
  board.children[randomNumber-1].innerHTML = "小偷";
}
```

数学API

这里我们使用了一个名为数学（Math）API的新API，它的工作方式与我们在任务3中使用的DOM API和localStorage API完全相同。使用数学API可以方便地获取浏览器中内置的数学函数。为了找到一个随机数，你必须执行以下运算：

```
Math.floor(Math.random() * 最大数) + 最小数;
```

我们的游戏中有6个人物，所以最大的数字是6，最小的数字是1，因此把代码写成这样：

```
Math.floor(Math.random() * 6) + 1;
```

然后我们把运算结果储存在一个变量中，并在下一行代码中使用这个变量。接着我们就将与随机数相匹配的那个<div>中的内容替换为“小偷”，这里又要用到innerHTML，就像这样：

```
board.children[randomNumber-1].innerHTML = "小偷";
```

由于在JavaScript中我们的数字要从0开始计数，因此我们必须将随机数减去1，这样我们就会得到数字0、1、2、3、4、5。

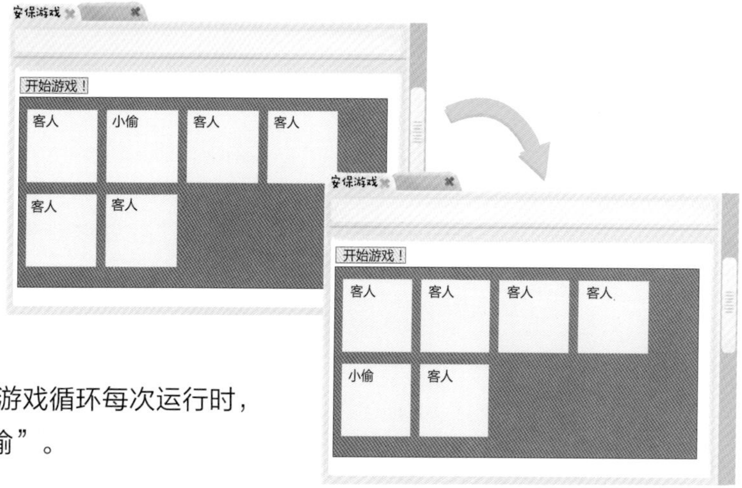

保存代码，函数“createCharacters”会在游戏中添加一个小偷。点击“开始游戏！”按钮，你会发现游戏循环每次运行时，游戏面板中一个随机的人物就会变成“小偷”。

13.创建得分

现在我们有了一个游戏面板，每隔3秒会显示出一组不同的“人物”，其中一个“人物”是沃尔科夫公司安保人员需要抓住的小偷。我们现在要做的是为玩家创建一种计分方式，即玩家点中小偷时，就代表他抓住了小偷，就可以得1分。

首先我们添加一个名为“gameScore”的变量来获取得分情况，把它写在<script>块中第二个函数“gameLoop”的上面：

```
var loops = 0;
var peopleVisible = false;
var gameScore = 0;
```

玩家每次点中小偷时，我们需要让gameScore加1。为了让玩家玩游戏时集中注意力，每次他们错误地点中客人时我们还要扣去2分。因此当游戏循环运行时，我们就需要为每个人物添加一个onclick属性，这样才可以创建出得分系统。同时，为了避免玩家快速重复点击同一个人物时，游戏得分重复加1或减2，我们需要让游戏得分在每一轮游戏循环中只能计算一次。因此我们可以加入一个变量“kaiGuan”，只有当它的值为true时，游戏得分才能计算，而且一旦游戏得分计算一次，“kaiGuan”的值就变为false。所以，我们在游戏循环运行时将“kaiGuan”的值设为true，再在onclick属性中使用if语句来同时改变“gameScore”和“kaiGuan”这两个变量。

在函数“createCharacters”中添加这些代码：

```
function createCharacters() {
  var kaiGuan = true;
  var board = document.getElementById("board");
  for(var index = 0; index < 6; index ++) {
    board.children[index].innerHTML = "客人";
    board.children[index].onclick = function() {
      if(kaiGuan) {
        gameScore += -2;
        kaiGuan = !kaiGuan;
      }
    }
  }
  var randomNumber = Math.floor(Math.random() * 6) + 1;
  board.children[randomNumber-1].innerHTML = "小偷";
  board.children[randomNumber-1].onclick = function() {
    if(kaiGuan) {
      gameScore++;
      kaiGuan = !kaiGuan;
    }
  }
}
```

变量
onclick
运算符
运算符
变量
onclick

首先，我们在函数中添加了变量“kaiGuan”并将其值设置为true。然后我们在循环中使用了onclick属性，每创建一个客人或小偷，我们就跟着添加一个onclick。接着我们使用了if语句来进行判断，当“kaiGuan”为true时，我们用两个新的运算符（+=和++）来改变变量“gameScore”的值，同时将“kaiGuan”的值改成false，这样if语句中的指令就不能再运行了，除非下一轮循环开始，变量“kaiGuan”再次被赋值为true。在一轮循环中，用户首次点击客人时，+=运算符就会把等号后面的值添加到变量“gameScore”中。注意，由于这里的等号后面的值是-2，因此就会让变量“gameScore”的值减去2。同样地，如果用户点击了小偷，累加运算符（++）就会给变量的值加上1。

我们还要修改原来的警告消息，在游戏结束时告诉玩家他们得了多少分。修改函数“gameLoop”中的else语句，在其中用上变量“gameScore”的值，就像这样：

```
function gameLoop() {
  peopleVisible = !peopleVisible;
  createCharacters();
  flashCharacters();
  loops++;
  if(loops < 12) {
    setTimeout(gameLoop, 3000);
  }
  else {
    alert("你的得分： " + gameScore);
  }
}
```

变量

保存这个HTML文件并刷新页面。当“人物”小偷在屏幕上闪烁时，尝试点中它，看看游戏结束时你可以得多少分。请记住在开始第二次游戏前要刷新页面。

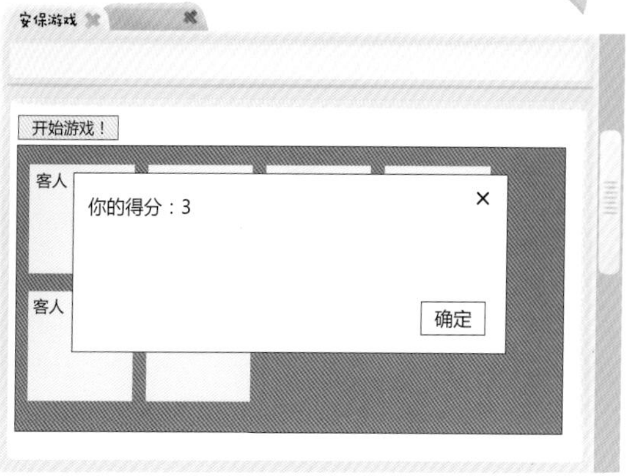

14. 简化代码

我们的游戏已经可以运行了，沃尔科夫公司的安保团队很快就能开始训练了。但你或许已经注意到，我们的“createCharacters”函数和“flashCharacters”函数的代码非常相似，它们一个用来创建人物，另一个用来添加CSS类。实际上，我们可以组合这两个函数，让代码变得更简单。编程中简化代码是很常见的事情，它能使你的代码更容易被理解。

我们来修改“createCharacters”函数，让它既可以创建人物，也可以添加CSS类。把代码修改成这样：

```
function createCharacters() {
    var kaiGuan = true;
    var board = document.getElementById("board");
    var classToSet = peopleVisible ? "character visible" : "character hidden";
    for(var index = 0; index < 6; index ++) {
        board.children[index].className = classToSet;
        board.children[index].innerHTML = "客人";
        board.children[index].onclick = function() {
            if(kaiGuan) {
                gameScore += -2;
                kaiGuan = !kaiGuan;
            }
        }
    }
    var randomNumber = Math.floor(Math.random() * 6) + 1;
    board.children[randomNumber-1].innerHTML = "小偷";
    board.children[randomNumber-1].onclick = function() {
        if(kaiGuan) {
            gameScore++;
            kaiGuan = !kaiGuan;
        }
    }
}
```

添加CSS类

现在，这个函数拥有了全部的功能。每当游戏循环运行时，它就会选取正确的CSS类，创建人物，并为每个人物设置onclick属性。我们就不再需要“flashCharacters”函数了，可以把它删掉，同时还要记得从函数“gameLoop”中删除“flashCharacters”函数的调用，因此“gameLoop”函数就简化成这样：

```
function gameLoop() {
    peopleVisible = !peopleVisible;
    createCharacters();
    loops++;
    if(loops < 12) {
        setTimeout(gameLoop, 3000);
    }
    else {
        alert("你的得分：" + gameScore);
    }
}
```

“flashCharacters”的函数调用被删除

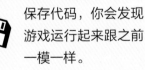

保存代码，你会发现游戏运行起来跟之前一模一样。

15.用CSS美化游戏

现在游戏的基本结构已经完成，但在屏幕上看起来有点枯燥乏味，因此接下来我们使用任务1中学过的CSS技能来设计游戏的样式。首先我们来看看能否让小偷出现时与其他人物有所不同。我们在<style>块中添加一个新的CSS类，把它命名为“thief”，并把它的背景色设置成红色，就像这样：

```
.character {
    background-color: lightblue;
    width: 120px;
    height: 120px;
    padding: 10px;
    margin: 10px;
    float: left;
}
.thief {
    background-color: red;
}
```

然后我们要把这个CSS类应用到JavaScript中。每添加一次人物小偷，都为其添加这个新的CSS类。所以，我们要把代码修改成这样：

```
board.children[randomNumber-1].onclick = function() {
  if(kaiGuan) {
    gameScore++;
    kaiGuan = !kaiGuan;
  }
}
board.children[randomNumber-1].className = classToSet
  + " thief";
```

每当游戏循环运行时，名为“thief”的CSS类都会应用于小偷<div>，把它的背景色变成红色。保存这个HTML文件并刷新网页，我们就可以看到小偷和客人不一样了。

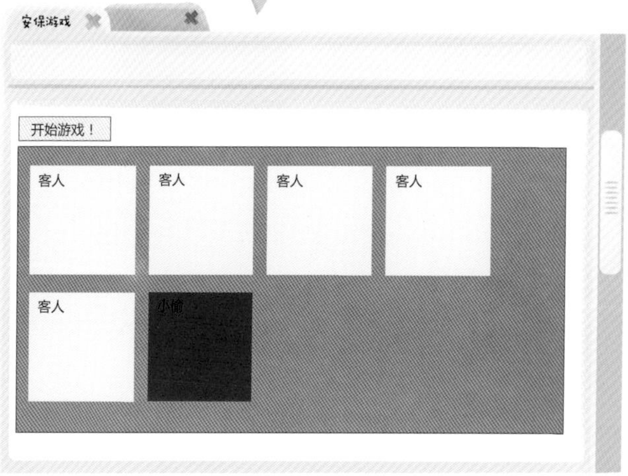

注意到了吗？

最后一行代码中“ thief”前面有一个空格，这个空格是必须要有的，因为我们使用了两个CSS类名，一个是CSS类“visible”或“hidden”，它是变量“classToSet”的值，另一个就是CSS类“thief”。我们要用空格来分开这两个CSS类，以免让它们组合成“hiddenthief”这种指令。

16.为人物添加图像

如果你想使人物<div>标签看起来更有意思，那就要学习一些新的CSS属性。这些新CSS属性非常简单，工作原理也与你在任务1中学到的其他属性完全一样。

首先，在配套资源包中的**任务5**文件夹里找到这两张图片：

客人　　小偷

把这两张图片复制并粘贴到桌面上的**编程**文件夹中。注意保持文件的名字不变：“客人”和“小偷”。

现在我们来修改<style>块中的CSS类。我们要使用两个新的CSS属性：background（背景）CSS属性和background-size（背景尺寸）CSS属性。

CSS属性	用途	值的示例
background（背景）	将一个HTML元素的背景设置为一张图像	url('图片.jpg'); none（无）
background-size（背景尺寸）	设置HTML元素背景图像的大小	cover（塞满）; 650px

我们可以把这两个CSS属性应用在“character”CSS类和“thief”CSS类中，就像这样：

```
.character {
  background: url('客人.jpg');
  background-size: cover;
  width: 120px;
  height: 120px;
  padding: 10px;
  margin: 10px;
  float: left;
}
.thief {
  background: url('小偷.jpg');
  background-size: cover;
}
```

background属性

background-size属性

我们使用background CSS属性来告诉浏览器把我们保存的图片设置成<div>标签的背景，然后使用background-size CSS属性要求浏览器把图片的尺寸设置为足够塞满（cover）每个<div>标签的大小。

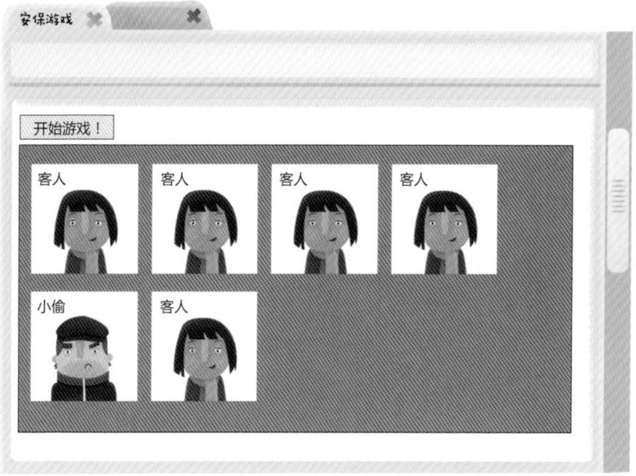

保存HTML文件，查看新的CSS属性在游戏中起到了什么作用。

现在我们已经将人物<div>标签的背景设置为图片了，那就可以删除文字“客人”和“小偷”了。毕竟，我们不想让沃尔科夫公司的安保人员进行这么轻松的训练。在<script>块中找到这两行代码，删除其中的文字“客人”和“小偷”：

```
board.children[index].innerHTML = "客人";

board.children[randomNumber-1].innerHTML = "小偷";
```

也就是把它们设置成空字符串，就像这样：

```
board.children[index].innerHTML = "";

board.children[randomNumber-1].innerHTML = "";
```

保存HTML文件，现在你的游戏中就只有图片了。

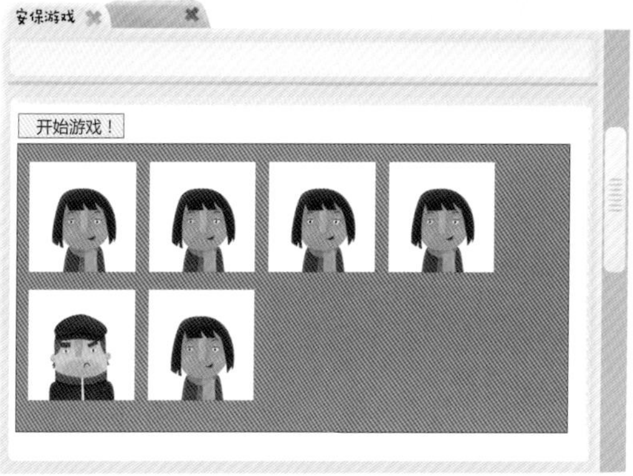

17.修改游戏面板

现在我们学会了使用background CSS属性和background-size CSS属性，那就可以轻松地把游戏面板也从灰色改为彩色图片了。请在资源包中的**任务5**文件夹里找到“游戏背景”图片，把它复制并粘贴到你的**编程**文件夹中。

然后，我们要做的就是在<style>块中的board CSS类里面添加新的background属性和background-size属性。不要忘记删除背景色CSS属性，因为我们不需要它了。

你的代码看起来应该像这样：

```
#board {
  background: url('游戏背景.jpg');
  background-size: cover;
  border: 1px solid black;
  height: 350px;
  width: 650px;
}
```

我们还应该确保在游戏开始时，即浏览器加载游戏时，玩家只能看到游戏面板。点击了“开始游戏！”按钮后，才能看到人物图片。为此，我们需要在<style>块中添加CSS display属性，就像这样：

```
.character {
  background: url('客人.jpg');
  background-size: cover;
  width: 120px;
  height: 120px;
  padding: 10px;
  margin: 10px;
  float: left;
  display: none;
}
```

保存这个HTML文件。游戏加载时，你就会看到游戏面板的新背景。当你点击“开始游戏！”按钮时，人物才会显示在屏幕上，游戏就开始了。

开始界面

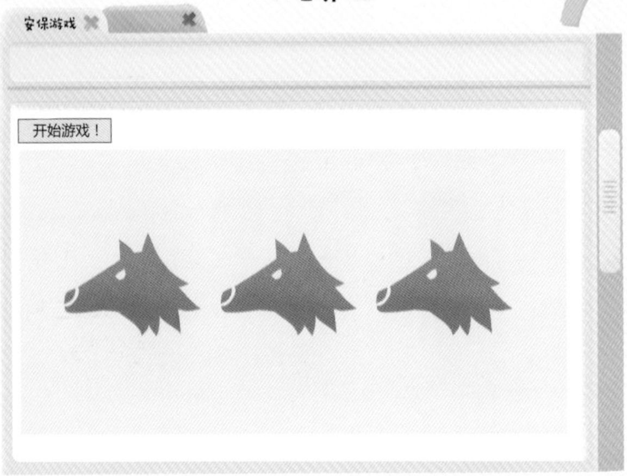

游戏界面

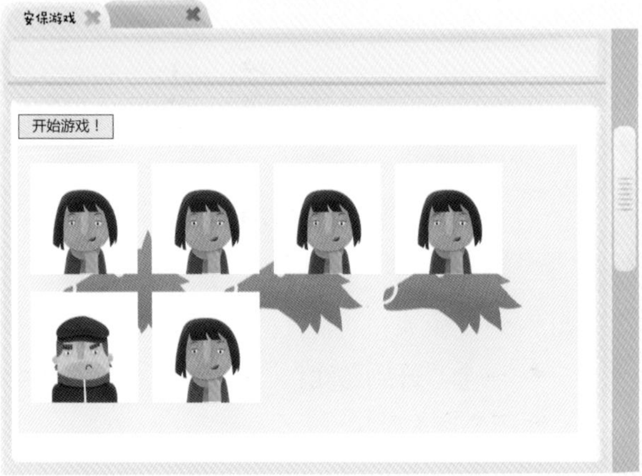

18.提高游戏难度

你可能已经发现，要在3秒时间内点中小偷非常轻松。所以我们需要增加游戏的难度，让它更具挑战性。如果人物在屏幕上出现的时间更短，玩家就必须更快地点中小偷了。为此，我们需要修改setTimeout函数调用，就像这样：

```
setTimeout(gameLoop, peopleVisible ? 1000 : 3000);
```

在这里，与之前所做的一样，我们使用了简化的if语句。我们修改了setTimeout调用，如果变量“peopleVisible”的值是true，我们的“gameLoop”函数将在1秒后被调用。如果“peopleVisible”的值是false，我们的“gameLoop”函数将在3秒后被调用。所以现在我们的人物图片在屏幕上出现的时间很短，只有1秒，而消失不见的时间会有3秒。

游戏完成！保存代码，来玩一玩吧，看看你能不能得到6分。

任务5 DIY作业
完成整个游戏

编写一个游戏非常具有挑战性，你在这个任务中已经掌握了所有的技能，贝尔斯通教授会非常高兴。你完成的这个游戏将被用来测试安保人员的反应时间。

安保训练游戏简介

检查你的**安保游戏.html**文件，确保所有代码已正确编写完毕，并把文件保存在你的**编程**文件夹中。不要忘了你可以调整游戏的速度，提高游戏难度。

- **游戏面板**
- **一个“开始游戏！”按钮**
- **5个客人图片**
- **1个得分警告框**
- **1个小偷图片**

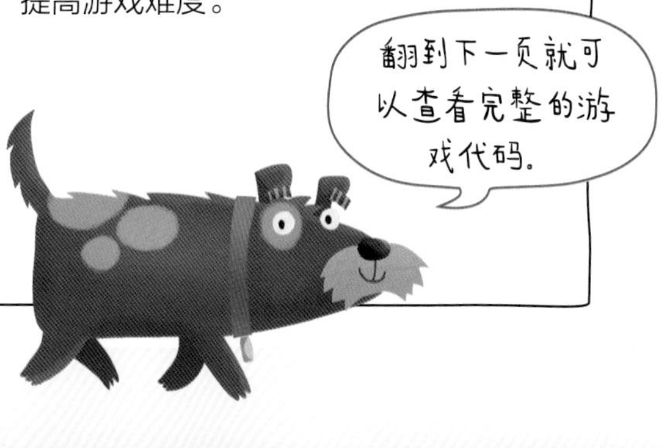

翻到下一页就可以查看完整的游戏代码。

```
<!DOCTYPE html>
<html>
<head>
  <title>安保游戏</title>
  <style>
    #board {
      background: url('游戏背景.jpg');
      background-size: cover;
      border: 1px solid black;
      height: 350px;
      width: 650px;
    }
    .character {
      background: url('客人.jpg');
      background-size: cover;
      background-color: lightblue;
      width: 120px;
      height: 120px;
      margin: 10px;
      float: left;
      display: none;
    }
    .thief {
      background: url('小偷.jpg');
      background-size: cover;
    }
    .hidden {
      display: none;
    }
    .visible {
      display: block;
    }
  </style>
</head>
<body>
  <input type = "button" value = "开始游戏！" onclick = "startGame();"/>
  <div id = "board">
    <div class = "character">1</div>
    <div class = "character">2</div>
    <div class = "character">3</div>
    <div class = "character">4</div>
    <div class = "character">5</div>
    <div class = "character">6</div>
  </div>
```

编码技能展望

这个任务是学习JavaScript游戏编程的重要步骤。你使用了一个游戏循环，这几乎是所有的电脑游戏都会用到的重要部分，用来加强游戏性并为用户创造互动体验。这不是一件容易的事情，但你做得非常出色！现在你可以用游戏循环的知识来制作更复杂的游戏了。

```
    <script>
      function startGame() {
        gameLoop();
      }
      var loops = 0;
      var peopleVisible = false;
      var gameScore = 0;
      function gameLoop() {
        peopleVisible = !peopleVisible;
        createCharacters();
        loops++;
        if(loops < 12) {
          setTimeout(gameLoop, peopleVisible ? 1000 : 3000);
        }
        else {
          alert("你的得分：" + gameScore);
        }
      }
      function createCharacters() {
        var kaiGuan = true;
        var board = document.getElementById("board");
        var classToSet = peopleVisible ? "character visible" : "character hidden";
        for(var index = 0; index < 6; index++) {
          board.children[index].className = classToSet;
          board.children[index].innerHTML = "";
          board.children[index].onclick = function() {
            if(kaiGuan) {
              gameScore += -2;
              kaiGuan = !kaiGuan;
            }
          }
        }
        var randomNumber = Math.floor(Math.random() * 6) + 1;
        board.children[randomNumber-1].innerHTML = "";
        board.children[randomNumber-1].onclick = function() {
          if(kaiGuan) {
            gameScore++;
            kaiGuan = !kaiGuan;
          }
        }
        board.children[randomNumber-1].className = classToSet + " thief";
      }
    </script>
  </body>
</html>
```

任务 6

完成网站

- 学习使用线框图
- 使用CSS和HTML构建网站
- 将网页链接在一起
- 使网站生效

任务简介

亲爱的程序员：

多亏了您的辛勤工作和热心帮助，沃尔科夫公司举办的特别展览大获成功！您也一定很高兴听到这个消息。当沃尔科夫先生当众揭开芒克钻石的罩布时，所有客人都震惊了。这真是我们职业生涯中最骄傲的时刻。

不过那晚也并不是风平浪静。就像我们之前担心的，邦德兄弟也知道了钻石的下落。他们伪装成客人，用伪造的邀请函混进了展会。幸运的是，他们进入展厅后，一名安保队员就注意到他们围着存放钻石的玻璃柜转来转去，行为非常可疑。沃尔科夫先生就报了警，警察及时赶来了。感谢您，邦德兄弟现在已经在铁窗里了。

关于芒克钻石被发现的消息迅速蔓延，先在莫斯科，然后在世界各地引起了轰动。沃尔科夫先生非常高兴钻石能重见天日，他想将这个特别展览向公众开放。现在我们知道沃尔科夫公司的安保团队是经得起考验的，所以这一定会是个出色而且安全的展览。如果莫斯科人都喜欢这个展览，沃尔科夫先生还会考虑带着钻石进行世界巡回展览，沃尔科夫公司也会迎来非常美好的发展前景。

现在只剩下最后一件事要做了，我们想您会乐意帮忙的。沃尔科夫先生需要建立一个完整的网站（不仅仅是一个网页），向全世界公布展览的情况。我们希望最后一次得到您的帮助！谁知道呢，或许有一天您也有空来看看芒克钻石？若能与您见面，我们会非常高兴，并要当面向您表达谢意。

从沃尔科夫公司送上最热烈的祝福。

哈里·贝尔斯通教授、鲁比·戴博士和欧内斯特

另外，附件中有贝尔斯通教授最近在“探险家百科”中写下的条目以及沃尔科夫先生写给您的感谢信。

探险家百科
每个冒险者的指南

主页
目录
重大发现
著名探险家
历史性探险事件

芒克钻石的发现

来自探险家百科——每个冒险者的指南

本条内容关于失窃宝石的发现。如需查看芒克钻石的历史，请点击此处。

芒克钻石的发现是指贝尔斯通教授和戴博士在西伯利亚发现失窃的芒克钻石这件事。贝尔斯通教授一直坚信邦德兄弟与钻石的失窃大有关联，他认为是邦德兄弟从莫斯科的沃尔科夫公司偷走了钻石并藏在了某个地方。

维克托·沃尔科夫

沃尔科夫公司，莫斯科市圣瓦西里大教堂旁

亲爱的程序员：

给您写这封短信，是为了感谢您为芒克钻石返回沃尔科夫公司所做的一切努力。当初它被偷走时，我的心都碎了。在最黑暗的时刻，我以为我必须卖掉公司了。沃尔科夫公司由我的家族经营了好几代，在我的手里却快破产了！但多亏了您、贝尔斯通教授、戴博士和欧内斯特，芒克钻石终于回来了。我非常高兴能举办这场展览并在店里展示钻石。

如您所知，为了找回钻石或抓到邦德兄弟，我们曾发布了悬赏令。现在贝尔斯通教授和戴博士已经领取了赏金，并计划用这笔钱来进行下一次合作探险。我想告诉您，我也为您准备了一份礼物，当您亲自到莫斯科来参观芒克钻石时，我将亲手奉上。

送上热烈、友好的问候。

维克托·沃尔科夫

贝尔斯通教授是一位探险家，因发现过世界各地的古代文物而闻名。他总是和他的狗欧内斯特一起探险。在找到芒克钻石之前，他最著名的发现是，在苏格兰的奥克尼群岛上找到了海盗霍伊·霍尔德的宝藏。

戴博士是一名研究化石的科学家，她正在研究一种新的有羽恐龙物种。她已经进行了几次不同的考察，希望能发现相关的化石，来证明这种恐龙确实长有羽毛。

芒克钻石在西伯利亚被找到并归还给沃尔科夫公司的消息登上了世界各地的新闻头条。探险队接受了众多电视台的采访，许多报刊都对相关事件进行了报道。贝尔斯通教授还受邀就这项发现发表了多场演讲，他的传记也定于明年出版。而戴博士则回到了大学，晋升为高级研究员。

沃尔科夫公司的特别展览非常受欢迎。沃尔科夫先生告诉记者，他“因钻石的失而复得以及展览的成功举办而重拾了信心”。据报道，在沃尔科夫公司外，顾客经常排着2小时的长队——沃尔科夫公司的珠宝销售额也翻了一倍不止。

创建一个网站

前面的5项任务你都完成得非常出色。现在你能使用HTML、CSS和JavaScript编写代码，还知道如何使用API来编写更复杂的程序。你创建过一个网页、一个密码、一个基于网页的应用程序，还规划了一条路线，并制作了一款游戏。现在你要面对最后一项挑战：创建一个网站。

到目前为止，你创建的所有页面和程序都存储在你的电脑中，而且只有贝尔斯通教授和戴博士可以访问。我们现在要做的是：建立一个网站，让世界上任何地方的任何人都可以访问。

其实，创建网站与我们在任务1中做到的创建网页并没有太大的区别。毕竟，一个网站就是一组链接到一起的网页。但在这项任务中，我们要使用的方法会略有不同，这一次我们要使用一个名为线框图（wireframe）的工具来创建我们的网站。在这项任务中总共会有5个线框图，编写每个网页时你都会用到其中一个。

线框图

线框图是一种规划网站内容和布局的工具或方法。一个线框图就像一幅简图，画出了页面上的各种元素，如右侧这幅示例图。它可以帮助你设计每个页面，决定页面的结构方式。

线框图还能帮你决策用户与网页的互动方式，或者网站上各页面之间的切换方式。一旦你对线框图感到满意了，就可以开始编写代码了，这时它就变成了一本计划手册，根据它你就能确定在页面的什么地方需要编写什么代码。

在这个任务中，我们要编写由5个网页组成的网站。这5个网页链接在一起，关于钻石的精彩故事就分散在5个网页里。我们将为“芒克钻石”网站的每个网页都设计一个线框图。

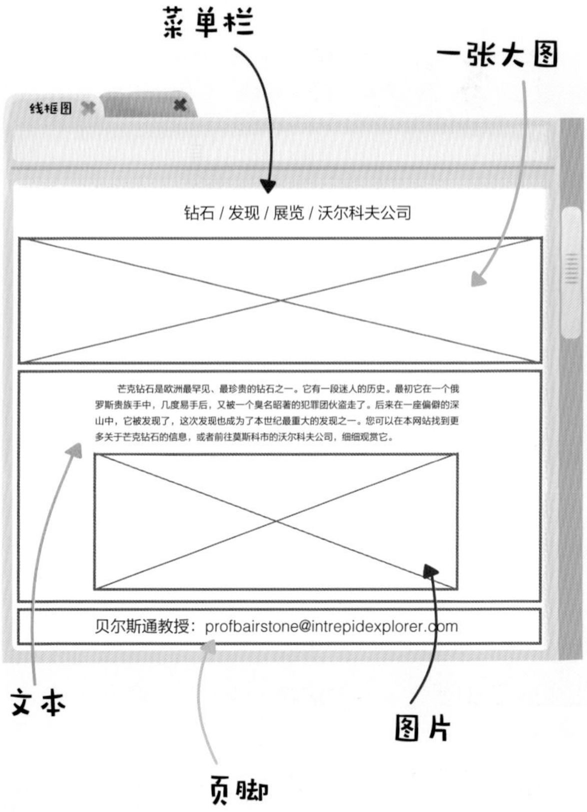

菜单栏
一张大图
线框图
钻石 / 发现 / 展览 / 沃尔科夫公司
芒克钻石是欧洲最罕见、最珍贵的钻石之一。它有一段迷人的历史。最初它在一个俄罗斯贵族手中，几度易手后，又被一个臭名昭著的犯罪团伙盗走了。后来在一座偏僻的深山中，它被发现了，这次发现也成为了本世纪最重大的发现之一。您可以在本网站找到更多关于芒克钻石的信息，或者前往莫斯科市的沃尔科夫公司，细细观赏它。
贝尔斯通教授：profbairstone@intrepidexplorer.com
文本
图片
页脚

下面我们来看看组成“芒克钻石”网站的5个网页：

网页	内容
索引.html	我们的主页，对芒克钻石的发现和展览进行说明
钻石.html	芒克钻石的历史，包括失窃的经过
发现.html	贝尔斯通教授和戴博士发现钻石的故事
展览.html	展会细节，包括开放时间
沃尔科夫.html	如何到达莫斯科市的沃尔科夫公司

进行这项任务时，我们会看到组成网站的每个网页的线框图。然后你就可以在文本编辑程序中编写所有网页了，记得使用在其他任务中学到的HTML、CSS和JavaScript技能。

更多CSS属性

在任务1中，你已经了解到CSS是一种编程语言，它可以用来更改HTML网页的外观。在开始查看线框图之前，我们需要了解更多的CSS属性和值。

使用图像

向页面中添加图片时，你有很多种方法可以修改它们的尺寸。最好的方法是在<img/>标签中添加style属性，并为宽度CSS属性设置一个以像素（px）或百分比（%）为单位的值，就像这样：

style属性　　像素

```
<img src = "钻石.jpg" alt = "珠宝" style = "width: 150px"/>

<img src = "欧内斯特.jpg" alt = "狗" style = "height: 50%"/>
```

百分比

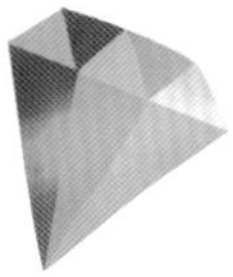

你的浏览器会自动计算出图像的高度。如果你想拉伸图像并保持它的比例，可以在style属性中同时设置宽度和高度 CSS属性，就像这样：

宽度属性　　高度属性

```
<img src = "教授.jpg" alt = "探险家" style = "width: 50px; height: 50px"/>
```

让图像填满<div>标签

创建趣味布局的一个好办法就是使用<div>标签将页面分成不同的部分。如果你想用图像作为<div>标签的背景并创建一个主展示图（banner），那可以使用我们在任务5中用过的background和background-size 这两个CSS属性。使用CSS属性时还有许多不同的方法可以用来**缩放（scale）**图像。

CSS属性	用途	值的示例
background（背景）	将一个HTML元素的背景设置为一张图像	url（文件名.jpg）
background-size（背景尺寸）	设置HTML元素背景图像的大小	contain（包含）；cover（塞满）；auto（自动）

在任务5中，你为background-size属性设置过属性值cover。使用这个值可以放大图像，使图像足以填满<div>标签。图像的某些部分还可能被**裁剪（crop）**，以适应<div>标签的大小。

除了cover外，你还可以使用属性值contain。这个值也会将背景图像扩展到最大尺寸，但不会拉伸图像使之变形。因此图像也许填不满整个<div>标签（但整幅图像都会被包含在标签中），这取决于图像的宽高比例。如果图像不能填满<div>标签，那么浏览器就会重复平铺这幅图像。

如果你使用auto作为background-size属性的值，它也会重复平铺图像（但不会放大图像）直到填满<div>标签。

```
<style>
  .team {
    width: 600px;
    height: 600px;
    background: url(团队.jpg);
    background-size: contain;
  }
</style>
```

contain属性值

编程术语

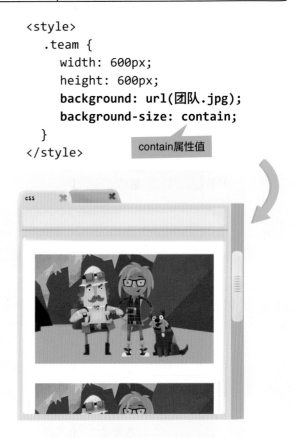

缩放图像，是指调整图像的大小，使它更大、更小或改变宽高比例。**裁剪**图像，是指切除图像的边缘，使图像变小。

对齐文本和图像

有两种简单的方法可以让图像或文本对齐，我们在任务1中都已经用过。你可以在含有文本和图像的<div>标签中使用text-align属性，或者在<img/>标签中设置style属性，在style属性中再使用float属性，就像这样：

float属性

```
<img src = "团队.jpg" alt = "团队" style = "float: right;"/>
```

更多CSS颜色值

到目前为止，你一直是用颜色名称作为CSS颜色属性的值。在默认情况下，浏览器支持约140个颜色名称。除了这些名称，你还可以使用HEX（十六进制）代码来创建自己的颜色。HEX代码的使用方法与颜色名称的使用方法完全相同，就像这样：

HEX代码

```
<body>
  <div style = "background-color: #0BFF54;">
    贝尔斯通教授、戴博士和欧内斯特在探险。
  </div>
</body>
```

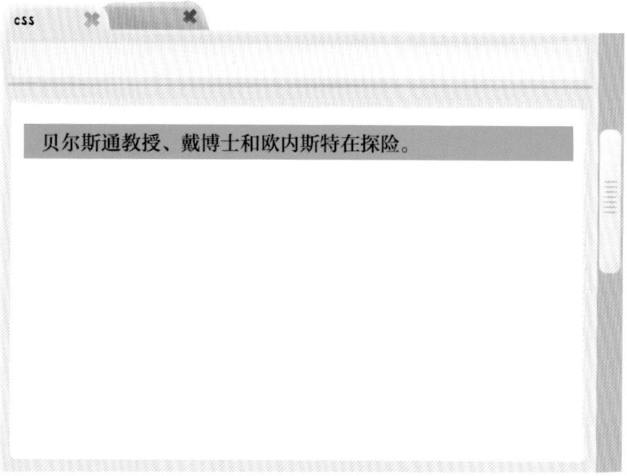

幸运的是，你不需要记住这些HEX代码，有很多网站能为你生成这个代码。比如在网站**color.adobe.com/zh**上，你就可以使用调色板功能来调出你想要的颜色，并生成对应的HEX代码。然后你只需把生成的HEX代码复制到你的代码中就行了，记住要在HEX代码的开头添加一个#号。

真想看看你完成的网站会是什么样子！

1. 主页：索引.html

主页（**索引.html**）是网站里最重要的页面，因为它是用户最先看到的页面。一个好的主页能凸显网站的主题并吸引用户的注意力。但你也必须知道，它只是一个主页，网站中还有其他网页让用户去发现。

我们可以在主页上使用芒克钻石的大幅图像作为最顶上的主展示图，还可以在主展示图中放入文字标题。在主展示图下面我们可以设置一个菜单栏，菜单栏中包含网站上其他页面的链接。然后应该有一段关于发现芒克钻石的简短文字说明。在文字下方，我们可以制作一个按钮，让它链接到网站上的沃尔科夫公司页面。最后，在页脚处留下贝尔斯通教授的联系方式。我们来看一下整个页面的线框图：

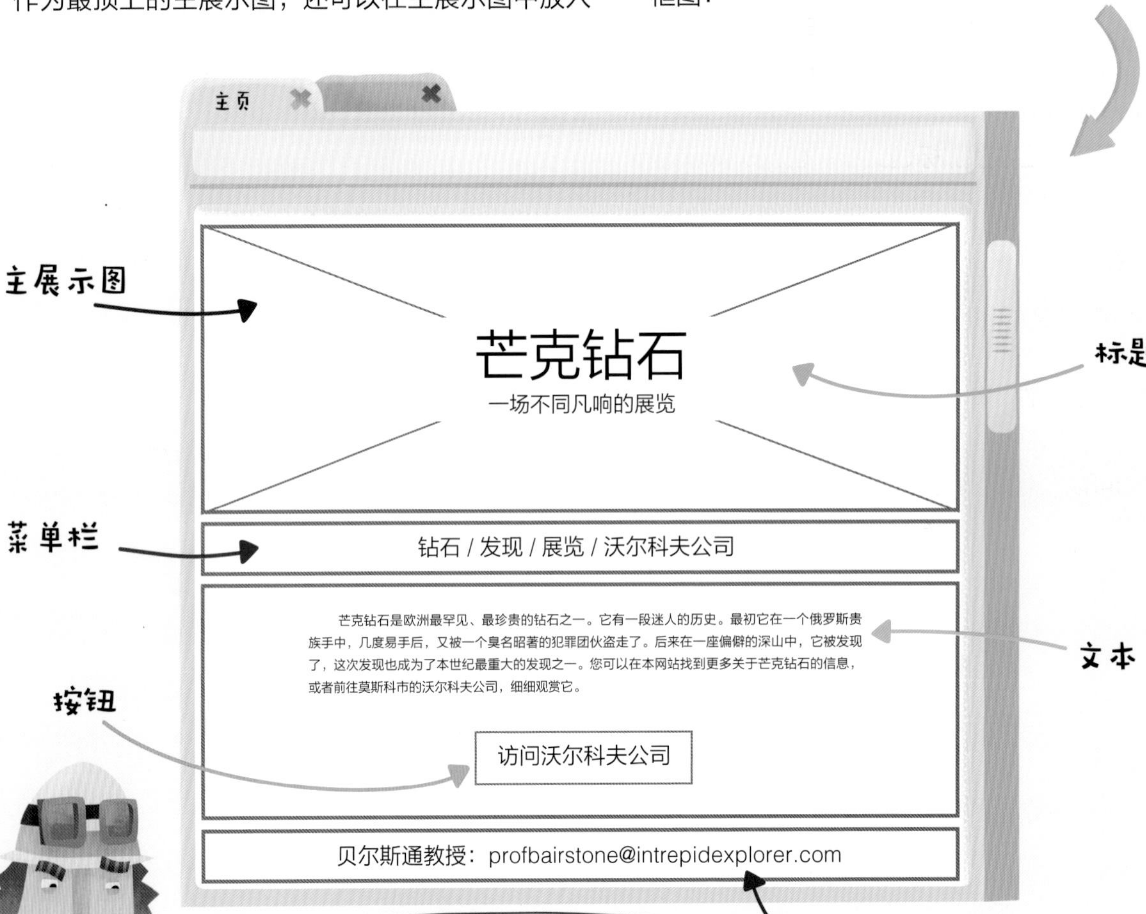

主页
主展示图
芒克钻石
一场不同凡响的展览
标题
菜单栏
钻石 / 发现 / 展览 / 沃尔科夫公司
芒克钻石是欧洲最罕见、最珍贵的钻石之一。它有一段迷人的历史。最初它在一个俄罗斯贵族手中，几度易手后，又被一个臭名昭著的犯罪团伙盗走了。后来在一座偏僻的深山中，它被发现了，这次发现也成为了本世纪最重大的发现之一。您可以在本网站找到更多关于芒克钻石的信息，或者前往莫斯科市的沃尔科夫公司，细细观赏它。
文本
按钮
访问沃尔科夫公司
贝尔斯通教授：profbairstone@intrepidexplorer.com
页脚

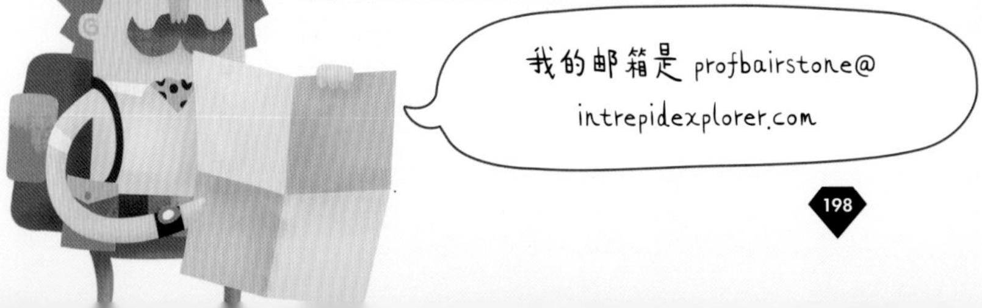

我的邮箱是 profbairstone@intrepidexplorer.com

现在，请使用在前面的任务中掌握的HTML和CSS技能编写这个页面。

你可以在资源包中的任务6文件夹里找到钻石主展示图。

主展示图

- 在<style>块中，创建一个CSS类，将其宽度属性设置为100%，高度属性设置为300px，上内边距属性设置为120px。使用background和background-size属性添加图像。
- 将这个CSS类应用到页面<body>的一个<div>标签中。
- 在<div>标签中添加标题文字，使用style属性来设置文字的字号和颜色属性。

菜单栏

- 在<body>中创建第二个<div>标签，使用style属性为这个<div>标签设置高度、内边距和背景色属性。
- 使用<a>标签和href属性添加4个超链接。
- 你也可以为每个链接创建一个<div>标签，并使用float属性让它们右对齐。

文本

- 创建第三个<div>标签，使用style属性为这个<div>标签设置上、下、左、右内边距属性以及背景色属性。
- 添加文字，使用<p>和
标签将文字分为几个片段。

按钮

- 创建一个“按钮”。使用一个<div>标签，在其中添加一个链接，并设置标签的文本对齐、内边距和背景色CSS属性，让它看起来像一个按钮。

页脚

- 创建最后一个<div>标签，使用style属性来设置它的背景色、内边距和文本对齐属性。
- 在这个<div>标签中写出贝尔斯通教授的联系方式。

你可以在资源包中的任务6文件夹里找到这个线框图对应的代码以及这次任务中要用到的其他东西。

编写好主页的代码后，把文件命名为**索引.html**并保存到**编程**文件夹中。

2. “钻石”页面：钻石.html

钻石页面（**钻石.html**）是我们网站的第二个网页，它会向用户介绍芒克钻石的迷人历史。下面我们来看一下构建这个页面所需的线框图：

菜单栏

- 在页面的<body>中创建一个<div>标签，使用style属性为这个<div>标签设置文本对齐、上内边距和背景色CSS属性。使用<a>标签和href属性添加4个超链接。
- 你也可以为每个链接创建一个<div>标签，并使用float属性让它们右对齐。

大图

- 在<style>块中创建一个CSS类，将宽度属性设置为100%，高度属性设置为200px，上内边距属性设置为120px。使用background和background-size属性添加一张图片。将这个CSS类应用于<body>中的第二个<div>标签。

文本

- 创建第三个<div>标签，使用style属性为这个<div>标签设置上、下、左、右内边距属性，文本对齐属性以及背景色属性。添加文字，并使用<p>和
标签将文字分为几个片段。

图像

- 在文本<div>标签中插入图像，使用style属性为这幅图像设置宽度CSS属性。

页脚

- 与主页相同。

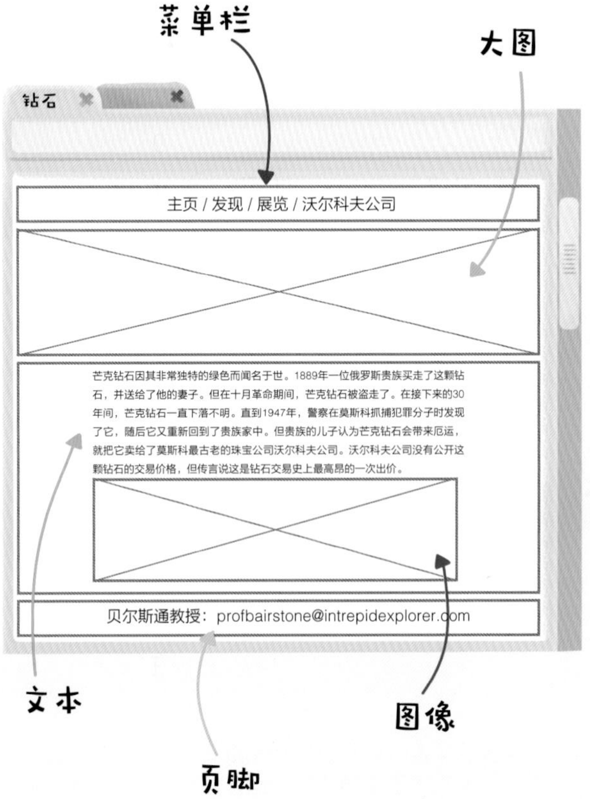

编写完这个页面后，把文件命名为**钻石.html**并保存到**编程**文件夹中。

3. “发现”页面：发现.html

发现页面（**发现.html**）是网站的第三个页面，它将告诉用户贝尔斯通教授和戴博士是怎样找到芒克钻石的。在这里，我们用一个与前两个页面略有不同的线框图，就像这样：

菜单栏

- 与“钻石”页面基本相同，记得要更新链接。

大图

- 在<style>块中创建一个CSS类，将宽度属性设置为100%，高度属性设置为200px，上内边距属性设置为120px。使用background和background-size属性添加一张图片，把这个CSS类应用于<body>内的第二个<div>标签。

文本栏

- 创建一个<div>标签，使用style属性将这个<div>标签的宽度属性设置为70%，内边距属性设置为50px。添加文字，并使用<p>和
标签将文字分为几个片段。

图像栏

- 再创建一个<div>标签，使用style属性将它的宽度属性设置为30%，并把它放在文本栏<div>标签的右侧。
- 在这个<div>标签中添加图像，使用style属性为这幅图像设置高度CSS属性，使图像大小适中。

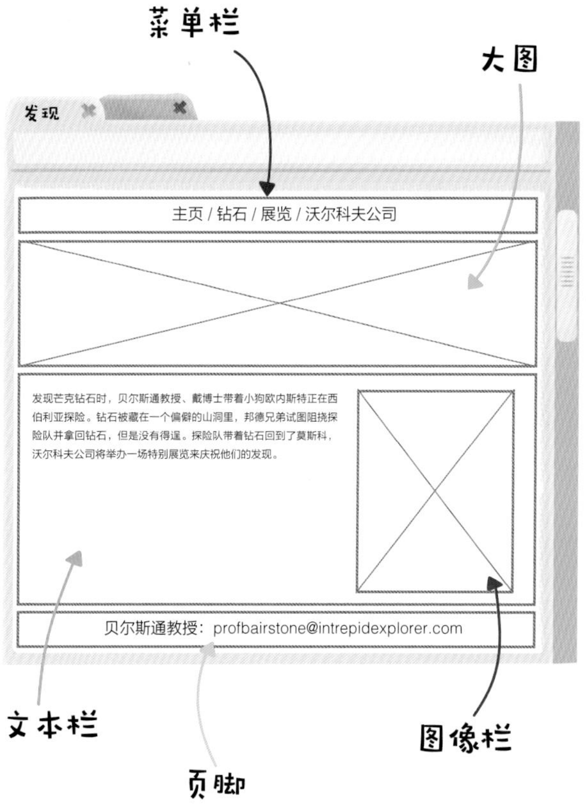

菜单栏
大图
发现
主页 / 钻石 / 展览 / 沃尔科夫公司
发现芒克钻石时，贝尔斯通教授、戴博士带着小狗欧内斯特正在西伯利亚探险。钻石被藏在一个偏僻的山洞里，邦德兄弟试图阻挠探险队并拿回钻石，但是没有得逞。探险队带着钻石回到了莫斯科，沃尔科夫公司将举办一场特别展览来庆祝他们的发现。
贝尔斯通教授：profbairstone@intrepidexplorer.com
文本栏
页脚
图像栏

页脚

- 与主页相同。

芒克钻石

编写完这个页面后，把文件命名为**发现.html**并保存到**编程**文件夹中。

4. “展览”页面：展览.html

展览页面（**展览.html**）将披露沃尔科夫公司所办展览的所有细节。由于它包含重要的信息，因此我们想保持简单的页面布局，让信息排列清晰明了。我们来看一下这个页面的线框图：

菜单栏

- 与“钻石”页面相同，记得要更新链接。

大图

- 设计方法与“钻石”和“发现”页面相同。

文本

- 为每条信息创建一个<div>标签。
- 你可以使用style属性缩进文本段落，将左外边距属性设置为20px即可。

页脚

- 与主页相同。

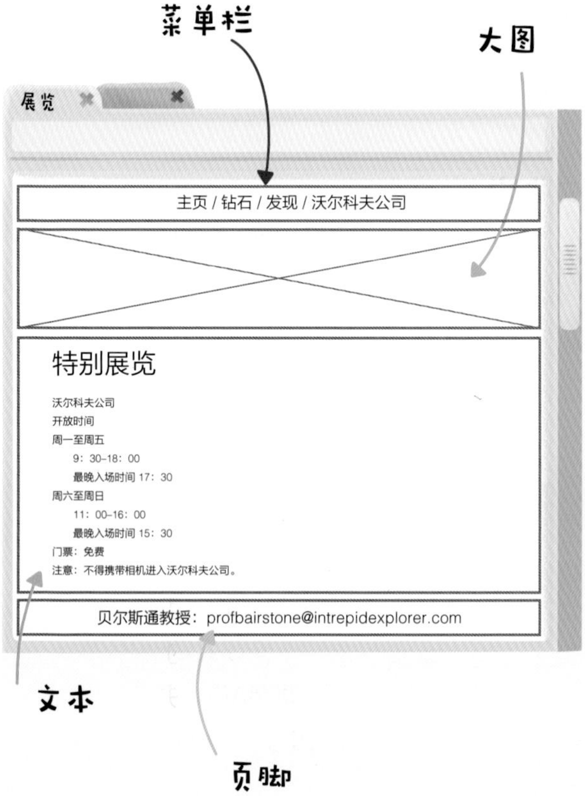

使用<div>标签来创建不同的页面布局，这个方法真不错！

编写完这个页面后，把文件命名为**展览.html**并保存到**编程**文件夹中。

5. “沃尔科夫公司”页面：沃尔科夫.html

对于网站的最后一个页面（**沃尔科夫.html**），我们需要向用户指出沃尔科夫公司的方位，让用户知道怎样找到这里。我们还得给出地址，并嵌入地图。我们先来看一下线框图：

菜单栏

- 与前几个页面相同，记得要更新链接。

大图

- 设计方法与前几个页面相同。

文本栏

- 创建一个<div>标签，使用style属性将这个<div>标签的宽度属性设置为60%，上、下内边距属性设置为50px。添加文字，并使用<p>和
标签将文字分为几个片段。

地图栏

- 再创建一个<div>标签，使用style属性将它的宽度属性设置为40%，并把它放在文本栏<div>标签的右侧。
- 添加<iframe>标签，设置其宽度、高度和边框属性，然后添加一个含URL的src属性，链接到百度地图的地图调起API，并将沃尔科夫公司在地图上标记出来。

页脚

- 与主页相同。

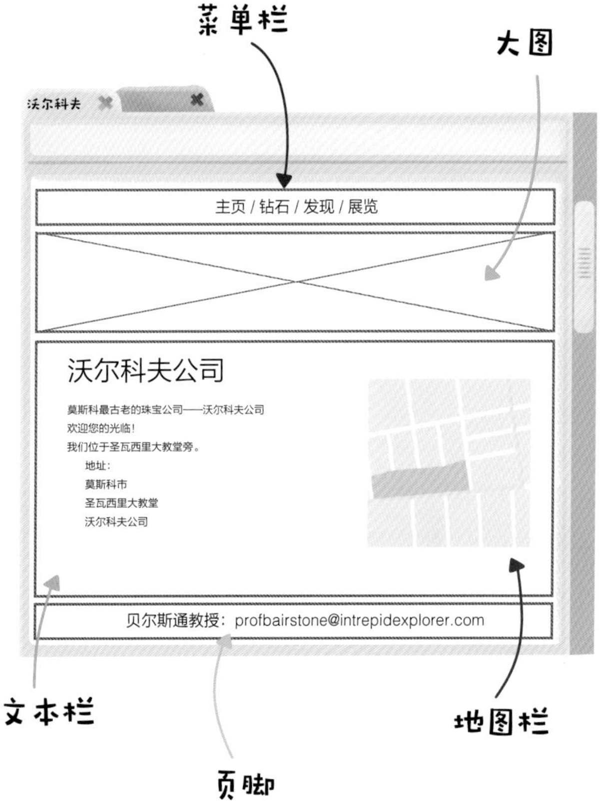

编写完这个页面后，把文件命名为**沃尔科夫.html**并保存到**编程**文件夹中。

你完成的网站

现在你已经创建了5个网页，最后要做的就是检查所有的链接是否正确，页面是否按照你的设计连接起来。检查每个网页上的菜单栏，看看链接的文件名是否正确。如果链接不正确，网站就无法正常运作，因为用户无法在各页面之间切换。各链接的代码应该像这样：

```
<a href = "索引.html">主页</a>
<a href = "钻石.html">钻石</a>
<a href = "发现.html">发现</a>
<a href = "展览.html">展览</a>
<a href = "沃尔科夫.html">沃尔科夫公司</a>
```

制作你自己的线框图

制作自己的线框图其实很简单。在开始编码前，很多人只是用一支铅笔、一张纸或便签就画出了能表现网站布局的线框图，有时我们把这种线框图叫作纸上**原型（prototype）**。在你花时间编写代码之前，画出纸上原型是一种快速的设计网站布局的方式。

如果你想制作我们刚才使用过的那种线框图，也有很多工具可用。你可以在安装Windows系统的电脑上使用Microsoft Visio，也可以通过浏览器使用Gliffy和Balsamiq Mockups；或在苹果电脑上使用OmniGraffle。所有这些程序都有预先做好的线框图元素，你可以在电脑上快速勾画出你需要的页面。

编程术语

原型是一个对象的第一个版本，在后续以及最终完成的版本中，都可以对比它来进行必要的调整。

使网站生效

如果你想让别人看到你完成的网站，就必须把它上传到Web服务器上。在这本书的开头，我们就介绍了Web服务器，它既可以是硬件又可以是软件，它存储了许多可以让我们的浏览器访问的网站。为了让人们能够看到你的网站，你需要在互联网服务器上**托管（host）**它。建立自己的Web服务器是件很复杂的事情，幸运的是，有很多线上公司允许你使用他们的服务器来托管你的文件。

编程术语 当Web服务器存储了一个网站，让浏览器可以访问这个网站时，我们就把这叫作服务器**托管**了网站。文件由服务器托管后，就将拥有一个URL（网址），就像互联网上的其他网站一样。

你知道吗？

如果你想托管文件，就要请成年人帮你寻找服务器上的空间，因为你必须到一定的年龄才能注册使用服务器空间。

如果你想找一个免费的Web服务器来托管你的网站，那你只要在网上搜索“免费网站托管”，就会有很大的选择空间。有时家庭互联网连接也会带有一些你可以使用的网络空间。一旦你获得了一个网络主机，你就必须把文件复制到他们的服务器上。记得仔细阅读你的网站托管服务商提出的条款和条件。

太棒了！我们打败了邦德
兄弟，把芒克钻石安全送回
了沃尔科夫公司。
而且我们
出名了！

下一步呢？
你的编程未来

在这本书的6个任务中，你不仅保护了芒克钻石的安全，而且学到了许许多多关于HTML、CSS和JavaScript的知识。你编写了网页，创建了密码，制作了一个基于网页的应用程序，规划了路线，甚至掌握了一些非常复杂的代码来制作一款游戏，现在，你还可以在自己的成就中加入创建网站这一项。祝贺你！

我们希望《开始编程！》向你展示了编程的乐趣。你已经学到了一些真正令人印象深刻的编程技能，完成了一些属于你自己的精彩项目。然而，仍然有非常非常多的知识需要你学习。如果你喜欢用HTML和CSS编写代码，那你还可以在一些优秀的网站上学习到更多关于HTML标签和CSS属性的知识。

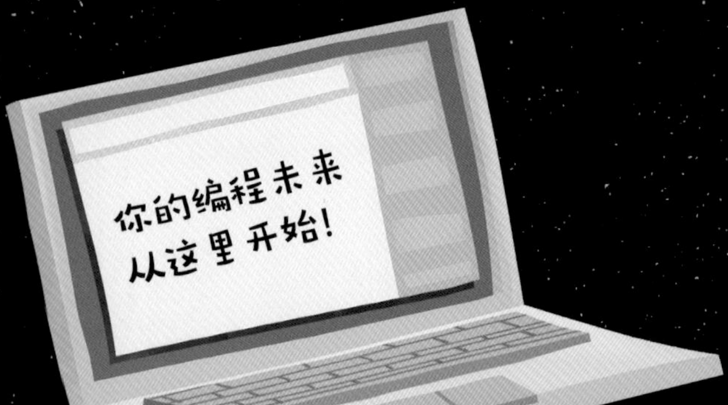

例如，通过http://www.w3school.com.cn/这个网址你可以找到W3Schools网站，上面有大量的实例来帮助你拓展知识面，创建出更精彩的网站。

如果你喜欢用JavaScript编写代码，那么Codecademy网站（www.codecademy.com/learn/javascript？）为你提供的大量练习可以迅速提升你的技能。

或者，你想学习新的编程语言来编写脱离浏览器运行的程序，那你可以尝试学习C＃、Java或者Ruby。你甚至可以尝试编写你自己的Web服务器。www.code.org/learn或许会让你有更多的想法。

最后，如果有机会，你可以加入Young Rewired State。我们会帮助你继续加强编码技能，让你成为未来的技术明星！

《开始编程！》的任务已经大获成功了，现在由你来决定下一步去往哪里。

关于Young Rewired State

Young Rewired State是一家聚集了18岁以下少年儿童开发者的全球性社区，旨在吸引孩子们来学习编程，并将他们培养成未来的技术明星。这个组织让年轻的程序员们能遇到志同道合的伙伴和专家导师，并帮助他们学习创建应用程序、网站以及算法，鼓励他们使用这些技能去解决现实世界中遇到的挑战。

Young Rewired State_

了解更多关于Young Rewired State的信息：

www.getcodingkids.com

感谢大卫·惠特尼、露丝·尼科尔斯、
埃玛·马尔奎尼和英国青少年开发者社区代表：
亚历山大·克拉格斯、迈克尔·卡勒姆、
克洛艾·格特里奇、罗斯·凯尔索、
斯蒂芬·芒特、詹姆斯·汤普森、休·韦尔斯。

图书在版编目（CIP）数据

开始编程！/ 英国青少年开发者社区编；(英) 邓肯·比迪图；周新丰译；浪花朵朵编译. —北京：北京联合出版公司, 2019.6 (2020.3重印)

书名原文: Get coding!

ISBN 978-7-5596-2922-7

Ⅰ. ①开… Ⅱ. ①英… ②邓… ③周… ④浪… Ⅲ. ①程序设计－青少年读物 Ⅳ. ①TP311.1-49

中国版本图书馆CIP数据核字(2019)第036653号

开始编程！

编　　者：英国青少年开发者社区　绘　　者：［英］邓肯·比迪
译　　者：周新丰　审　　校：王明轩
编　　译：浪花朵朵　筹划出版：北京浪花朵朵文化传播有限公司
出版统筹：吴兴元　编辑统筹：冉华蓉
责任编辑：宋延涛　特约编辑：彭　鹏
营销推广：ONEBOOK　装帧制造：墨白空间·唐志永

北京联合出版公司出版
（北京市西城区德外大街83号楼9层 100088）
天津图文方嘉印刷有限公司印刷 新华书店经销
字数270千字 1092毫米×787毫米 1/20 10,4印张
2019年6月第1版 2020年3月第2次印刷
ISBN 978-7-5596-2922-7
定价：68.00元